中公文庫

プロパガンダ戦史

池田徳眞

中央公論新社

目次

プロパガンダ戦史

宣伝とは、他人に影響をあたえるように物事を陳述することである。

――『クルーハウスの秘密』より

第一章　外務省のラジオ室

ロンダヴァレーへの旅

昭和十一年の初夏のことである。当時、イギリスで失業者がいちばん多いといわれていた、ウェールズ地方の炭鉱の町ロンダヴァレー（カーディフの西北三〇キロ）へ、私たちは一泊旅行をした。一行は、日本大使館で吉田茂大使の秘書をしていた千葉皓《こう》さん（二十七歳）、館員の弘島昌《さかん》さん（三十一歳）、四月十日に着任したばかりの官補でバーミンガムで勉強をしていた樺山資英《すけひで》さん（二十九歳）、同じころロンドンに着任して武官室にいた陸軍大尉の久門有文《ありぶみ》さん（三十三歳）、それに、案内役兼運転手の私（三十二歳）の五人であった。

その前年、私はオックスフォード大学のベリオル・カレッジで『旧約聖書』の勉強をしていたのだが、そのカレッジのリンゼー校長夫妻 Linsey, Mr. A. L. & Mrs. Erica が熱心な社会主義者で、ロンダヴァレーに三三あった失業者クラブを援助しておられたので、私が行ってみたいと申しでたのをたいへんに喜ばれ、紹介してくださった。それで昭和十年の秋、同じオックスフォードのニュー・カレッジで勉強をしていた親友の安川真さん（レイテ島で戦死）と二人でロンダヴァレーへ行って、失業者が毎週二ペンスの会費を出すというその失業者クラブに一泊して、炭坑のなかまで見学してきたのであった。

リンゼー校長の話では、さきごろの総選挙のときロンダヴァレーでは、社会党が一万六〇〇〇票、共産党が一万二〇〇〇票で、保守党票は皆無に近かったとのことである。翌年になってこの話をロンドンで千葉君にしたところ、自分たちも行ってみたいという強い希望だったので、昭和十一年六月、樺山君を除いた四人は、弘島君所有の中古車でロンドンを出発したのである。

この車は、まことに不思議な代物であった。前進のローギヤにレバーを入れると、それが途中で止るので、はいったかなと思って車を動かすと、前進でなく後退するのである。私が初めて運転したとき、車を車庫から出そうと思ったら、突然、後退し、後ろの壁にもうすこしでぶつけるところであった。それで、レバーをだましだましもっと奥まで入れると、こんどは正しく前進するのである。弘島君は、欠陥車をだまされて買ったので、自分には運転できないから、私に運転してくれというのであった。

オックスフォードの近くを通ってグロスター市に行った。かねての打合せで、樺山君はバーミンガムからここまで来ていて、グロスター大聖堂の入口の前にぽつんと立っていた。私は初対面の挨拶をした。この日、この人に会ったことが、私の生涯を大きく変えることになるとは、そのときにはもちろん、想像できるはずもなかった。

天気はよいし、それほどまだ暑くもなかったし、車は木の少ない岡や谷をぬってウェールズ地方へと進んでいった。

日本の将来を思い、イギリスの社会を観察して、久門陸軍大尉と千葉外交官と私が車の中で議論をはじめた。この陸士三十六期の秀才は、「イギリスのように国民の生活程度を上げては、国民の戦闘意欲が弱くなり、ひいては国の衰亡ということになる。それゆえ、日本の国民の生活程度を、いま以上に上げてはだめだ」と、徳川家康のようなことをいい出した。これに対して千葉君と私は、「その議論の前段はともかく、日本人の生活程度云々は承服できない」といい、私は、「久門さんの議論は短絡している。イギリスは、過去三百五十年にわたって世界史に前例のないほど繁栄したが、それでもイギリス人の金持は、生活がぜいたくにならないように、あらゆる点で自粛している。いまイギリスには衰微の徴候が見えるけれども、日本は、イギリスにくらべれば、経済力などまだまだ数段下なのだ。いま日本人が働いているのは、国民の生活水準を上げるためであって、それでよいのだと思う」と主張した。

いわば〝貧者必勝〟論をめぐるこの議論は蜿蜒《えんえん》とつづき、失業者クラブに着いてからも、酒などなしで夜中までやった。だんだんことばが荒くなって、久門君は、私に、「貴様、ほんとうにそう思うのか！」といい、私も、「それは、陸軍という角度だけから社会を見た、片寄った議論だ！」と反駁《はんばく》した。これは、両方とも、その後の日本の進路を憂えての議論だったのだが、いま思いかえしてみても懐しい若き日の激論の旅であった。

シンガポール攻略のときの航空参謀が久門中佐で、地上軍の参謀が同期生の辻政信中佐だったと聞いた。久門中佐は、昭和十七年十月六日、アッツ島に連絡のため飛んだが、行方不明になってしまったという。弘島君は、終戦の翌年の昭和二十一年八月の夕方、東京の原宿穏田の自宅を浴衣がけで散歩に出たまま、蒸発してしまった。自殺するような理由も様子もなかったそうだから、外務省で彼と同期生であった平沢和重君は、「弘島君は、かつてモスクワに在勤したことがあったから、モスクワへんで突然現われるのではないのかね」と、笑って話していたが、ついに今日まで現われていない。そして樺山君も、戦後一年半して三十九歳で癌で死んだ。それで千葉さんと私の二人だけが、その後、三四年生きながらえているので、二人が会うといつもこのロンダヴァレー旅行の話が出るのである。

ラジオ室の大活躍

太平洋戦争がはじまって十か月たった昭和十七年十月九日、私は交換船鎌倉丸で河相《かあい》達夫《たつお》公使とごいっしょに横浜に帰ってきた。

私は、樺山君の推薦でオーストラリアの日本公使館に文化宣伝係として赴いていたので、その翌日に、彼のいる外務省ラジオ室に挨拶に行った。彼は喜んで、「いいときに帰ってきてくれた。ラジオ室で働いてくれ」といい、そのように手続をとってくれたので、すぐ働くことになった。ところがここは、オーストラリアでの呑気な監禁生活とはまるでちがって、日本のなかで敵国にいちばん近い電波による情報・宣伝戦の最前線で、朝から夜まで敵・味方・中立国という世界各国の短波の声がどんどん飛び込んできていた。それらの短波放送を傍受して英文の『ショートウェーヴ・ニューズ』*Shortwave News* を作成する仕事はすでに軌道に乗ってフル回転をしていて、約五十名の人たちが忙しそうに働いていた。

このうち、短波の受信の仕事に直接たずさわっていたのは、出入りが激しいから正確にはいえないが約四十名であった。そしてその内訳は二つに分かれていて、一方の約二十名は、あとで詳しく述べる、外務省でつくった海外生れの二世教育の塾である敝之館《へいしかん》の一回生と二回生で、その他の約二十名は外国生れや外国育ちの人たちで、そのとき東京の通信社や新聞社などで働いているかたわら、担当している外国放送の時間に合わせてアルバイトでやって来て、その短波放送を聞きとり、タイプに打って帰る人たちであった。この仕事は、時差の関係で、夕方から深夜にかけてがたいへん多かった。

このときラジオ室で聞いていた短波の外国語放送の言語は、なんといっても英語が多くて約九割八分であり、補助的にフランス語、ドイツ語、スペイン語、ポルトガル語などがあった。そして、聞こえがよかったのでいつも傍受していた放送局は、次のようであった。

BBC British Broadcasting Corporation（ロンドン、イギリス）
ニューヨーク放送（ニューヨーク州シネクタディ市、アメリカ）
VOA Voice of America（サンフランシスコ、アメリカ）
ラジオ・オーストラリア放送（メルボルン、オーストラリア）
ABC Australian Broadcasting Commission（シドニーおよびキャンベラ、オーストラリア）
ニューデリー放送（インド）

カラチ放送（インド、現在はパキスタン）
重慶放送（中国）
サイゴン放送（フランス語と英語、フランス領インドシナ、現在はヴェトナムのホーチミン）
アンカラ放送（トルコ）
モスクワ放送（ソ連）
ベルリン放送（英語とドイツ語、ドイツ）
レオポルドヴィル放送（英語、自由ベルギー放送、ベルギー領アフリカ、現在はザイールの首府キンシャサ）
ブラザヴィル放送（英語、自由フランス放送、フランス領アフリカ、現在はコンゴの首府）
ブエノスアイレス放送（スペイン語、アルゼンチン）
リオデジャネイロ放送（ポルトガル語、ブラジル）

イギリスのBBCのニュースは、一般的にいって他局より早い場合が多く、戦争中の重大ニュースはしばしばBBCが真っ先に報道した。またアメリカのVOAは、BBCとならぶ重要なニュース源であった。この「ヴォイス・オヴ・アメリカ」の本部は、日本の真珠湾攻撃のわずか三五日後に、アメリカの戦時報道を統一する目的でワシントン

ラジオ室の前で、樺山資英君（左）と私

に設立され、VOAとして各地の放送局から全世界に向かって放送していた。ラジオ室でモニターしていたVOAは主にKGEIサンフランシスコ放送局であったが、この放送局は、戦後の昭和二十六年九月八日の対日講和調印のとき日本全権一行が宿泊したマークホプキンズ・ホテル Mark Hopkins Hotel のなかにあった。

また、太平洋戦争中の敵側の日本語放送は一四ぐらいあったのだが、それは主に参謀本部の傍受室で受信していたから、外務省のラジオ室では、昭和十七年三月から終戦まで、このKGEIで同時にしていた日本語放送だけを聞いていた。この日本語傍受の仕事をしていたのは、樺山君が以前から知っていた六歳年長の一ッ橋高商出の矢部寛而《かんじ》さんという人であった。彼は、昼は保険会社につとめ、夕方からラジオ室で日本語のニュースと解説を聞いてメモをとり、レジュメをつくって報告していたのであった。

短波放送というものは、高空の電離層に反射して来るためにまことに気紛れで、距離の遠近に関係なくひどくよく聞こえたり聞こえなかったりするのであるが、これについて樺山君が面白い話をしてくれた。ラジオ室ができた初期のころ、「ブラザービル」という名の局がまるで近所の国の放送のようによく聞こえてきた。「兄弟の町」と誤解したのだが、樺山君はそんな名の町が世界にあることを知らない。それで、外務省のなかを歩きまわって、北米にはないか、南米にはないか、ヨーロッパにはないか、と聞いたのだが、だれも知らない。そして一週間たって、やっとアフリカだということがわかったという。当時フランス領コンゴの総督府のあったブラザヴィル Brazzaville のことであった。そしてその放送は、ドゴール亡命政権の英語による自由フランス放送なのであった。

そのときラジオ室には約二十台の短波受信機があったが、これらは家庭用のもの home radio ではなく、みんな業務用のもの Communication receivers であった。そしてそれは、全部、戦争前の一年半のあいだにアメリカで買い集めた〝敵国製〟のものであったから、補充がきかない。それゆえ、戦争がはじまるとすぐ、ラジオ室の外の土手をくり抜いて厚い鉄筋コンクリートの半地下の防空壕の受信室をつくって、その中に受信機を置いて仕事をしていた。その広さは全部で一三二平方メートル（四〇坪）で、四部屋になっていて、細い廊下があった。場所は外務省の向かって左奥の隅で、その半地下壕に最も近い建物の角の一階がラジオ室であった。

これらの受信機のうち、当時最も活躍していたものを優秀な順番にあげると、次のようである。

Hallicrafter-*Diversity*（約四〇球、二台一組）二組（一台は使用不能）

Hallicrafter-*SX28*（二二球）二台（一台は使用不能）

Hammarlund-*Super Pro*（一九球）五台

National HRO（一五球）三台

このうち、ハリクラフター社製の「ダイヴァーシティ」は、二つの異なったアンテナから二台の受信機が別々に受信し、感度のよいほうが自動的に聞こえるようになっている最新式のものであった。

樺山資英君は、浦和高校、東大法科を経て、昭和十年に外交官試験に合格するのであるが、浦和高校にはいるまえに東京高等工業学校（東京工業大学の前身）の電気科にいた。それゆえ、昭和十一年四月にイギリスに行って昭和十五年五月にイタリアから帰国するまで、ずっと欧米のエレクトロニクスの進歩について研究していた。樺山君は帰国して情報部第五課に配属されると、すぐ前記のハリクラフターやハマールントのメーカー名をあげて、最新式の業務用短波受信機のアメリカでの購入を進言した。それで、本省からの指令により、アメリカから日本の外交官が帰国するたびに業務用の短波受信機を一、二台ずつ持ち帰ってもらったのである。これが昭和十六年二月ごろから到着しだし、十二月一日にラジオ室が開設されるまでには十数台になっていた。また、昭和十七年八月十九日にロレンソマルケス（現マプト）から横浜に入港した日米交換船浅間丸でも、最後の業務用の短波受信機が二、三台到着したようである。

アメリカ製受信機「ダイヴァーシティ」（右）と「スーパープロ」（左台の上）　昭和23年10月、日本新聞協会による第一回新聞大会のときの新聞文化展にて（三越本店）

しかしその台数と機種は、だれも正確には記憶していない。ただ、そのなかに、最新のハリクラフターの「ダイヴァーシティ」の二番目の一組があるというので、関係者は歓喜して梱包を解いたのであるが、残念ながらこれは輸送中に破損していて、終戦までついに使いものにならなかった。

現在あるような録音テープというものは戦後に発明されたものだが、当時は同じ目的でディクタフォーン Dictaphone というアメリカ製の電気録音機があった。これは、エジソンが発明

ディクタフォーン電気録音機

した蠟管《ろうかん》蓄音器と同じ原理で、長さ一六・五センチ、太さ六センチ、厚さ一センチの蠟管に針で音を刻み込んで、それを再生機にかけて聞いて、タイプにとり、終わればシェーヴァーで溝をけずりとって、また使うという、まことに原始的なものであった。このディクタフォーンには、録音機と再生機が二台別々のと、一台にまとまっているのと二種類あったが、樺山君はこれをアメリカと上海で買い、また日本の大会社からも二台ほど譲ってもらって、両方合わせて約十台ほど集め、やっと間に合う程度になっていた。

　ところが、まだ問題があった。この機械で使う蠟管である。最初、それは約三百本あったのだが、傍受の仕事が発展するにつれて蠟管の使用が多くなり、これが十分でないのである。一度使用した蠟管を削ったときに出る粉を溶かして再生するのだが、本数が減るばかりでなく、塵などによる雑音が多くなる。それで、日本でつくろうということになり、樺山君は日本ビクターに試作をたのんだのだが、レコードの製作とは勝手がちがらしく、試作品は軟らかすぎたり硬すぎたりして、どうしてもディクタフォーンに合うものができない。とうとう終戦まで、完全に合うものはできなかったのだが、どうしても不足してきたので、日本製のものも使わなければならなかった。私がラジオ室に一年余りいたあいだ、これが海外放送傍受の最大のネックであった。事業というものは思わぬところに難関があるものだと思って、樺山君の苦労を横で眺めていた。

海外放送の傍受の仕事は、初めは情報部第五課で樺山君の指導でおこなっていたが、昭和十五年十二月六日に内閣情報部が情報局に昇格したとき、外務省情報部は内閣情報局に統合されてしまった。それで樺山君は、調査部第五課に移った。そして、だんだん傍受の仕事が発展してきて、太平洋戦争開戦のわずか一週間前の昭和十六年十二月一日、ラジオ室が正式に開設されたのであった。私が帰国した昭和十七年十月の時点で、傍受者を除いたラジオ室の事務関係者は、次の十数人であった。括弧内の年齢はこの年の誕生日年齢である。

室長　事務官　樺山資英（三十五歳）　昭和二十二年三月二日歿
嘱　託　池田徳眞（三十八歳）
嘱　託　村山　有（三十七歳）　昭和四十三年十二月三十一日歿
嘱　託　小平利勝（三十六歳）　昭和三十四年十一月十八日歿

嘱　託　牧　秀司（三十歳）

以上が情報分析をしていた。

嘱　託　今井　守（三十五歳）

二世の女子三、四人　原稿のステンシル打ち

女　子　三、四人　作成・配布

今井守君は、東大卒業後、ドイツの半官の通信社インドゥストリー・ウント・ハンデル社に一時いたが、のちに外務省嘱託になり、在上海の中支振興会社を経て、ラジオ室開設のときにもどってきた人である。彼は、ドイツ語の傍受とドイツ大使館との連絡にあたり、ニュースをステンシルに打って印刷できるようにする仕事を担当していたが、そのほかに、ラジオ室の運営の総括的な責任を負わされていて、受信機の部品や蠟管の購入、印刷用のザラ紙やインキなど、みんな同省の用度課にたのんで集めていた。また、外務省に堀井電動印刷機が数台あって、中年の専門家のおばさんが印刷工長となり、四、五人の少女工員をつかって早朝から夜まで印刷していたが、その監督もしなければならなかった。なお、主要なニュースの傍受は、敝之館の人が一日三交替でおこない、毎夜、三、四人が徹夜したから、省内食堂に特配をうけさせたりしたが、昭和十九年の暮ごろからすべての物が欠乏してきた。

このラジオ室の人たちのうち、樺山君、小平君、今井君の三人は、東大法科の同級生であったし、村山君は二世だが熱烈な愛国者だし、牧君は樺山君と同郷の鹿児島人であったから、樺山君から見れば身元不明の者は一人もいなかったのである。そしてこのとき、村山君と小平君とは別に本業をもっていたのだが、毎日のようにラジオ室に来て、情勢の分析・判断に加わっていた。

じつは、この小平君と村山君の二人が、昭和十五年の秋から、感度の悪いアメリカのフィルコ社製や、つづいてオランダのフィリップス社製のホームラジオを駆使して、毎日、夜間に短波傍受の仕事をはじめたパイオニアなのである。そのときの苦労を、村山君は、「小平君と二人で最初に傍受の仕事をはじめたころは、きわめて旧式のラジオ一台で、このラジオと一夜取り組むと、翌朝は首筋がはれあがるほどであった」と書いている。

小平利勝君は、明治三十九年十二月二十六日、仙台市で生まれた。五歳のとき、父小平国雄牧師のいたサンフランシスコの対岸のオークランドに行って、小学校を卒業し、十三歳のときに父牧師といっしょに日本に引き揚げてきた。そして、日本語を勉強するために小学校六年を日本で繰り返し、仙台の二高、東大とすすんだ人である。卒業後、読売新聞社に入社し、最後には編集次長になったが、小柄で、才気煥発な頭の回転の早いアイディアマンである反面、議論でも喧嘩でもして自分の信念を主張する人であった。ちょっと見には牧師さんの子とはとても思えないが、正義感が強くて、曲ったことを許さないことと、お金にきれいなことの二点は、父親譲りであろうか。当時、彼は、パシフィック・ニュース・アンド・フォト（略してPNP）という、外務省の外郭団体の責任者になっていた。このPNPというのは、昭和十三年ごろできた写真通信社で、その最初の狙いはアメリカ人の目で日本を見て写真をとり、文章をそえてアメリカはじめ世界の国々に送り、現地の新聞や雑誌で利用してもらおうというものであった。それで、最初は、アメリカの写真家で日本郵船のサンフランシスコ支店のカメラマンとして活躍していたシュライナー氏を連れて来て、日本じゅうを撮影させ、のちに同じくハミルトン氏という写真家を雇った。小平君は、昭和十五年から責任者になり、得意の英語で写真についての説明を書き、外務省の手を経てドイツ、イタリア、東南アジアの各国に流していた。戦時中もずっと日比谷の市政会館の五階に事務所をかまえて、日本の写真家はじめ五、六人のスタッフをおき、終戦まで写真と情報をフィリピンはじめ南方諸国に送っていた。

村山有《たもつ》君は、話題の多い人である。明治三十八（一九〇五）年十二月二十四日、シアトルで生まれ、サンフランシスコに移り住んだ二世の新聞記者である。どうして彼が日本に来て、戦時中まで日本にとどまっていたかについては、次のような話がある。一九二四年の排日土地法（一三年に加州で制定され二四年には全面的に日本人移民が禁止された）いらいカリフォルニアには大和魂の強烈な人がたくさんいたが、彼もその一人である。それで、彼のような若い二世が集まって在米日本人兵役義務者会というものをつくって、サンフランシスコに本部を置き（1707 Buchanan Street, San Francisco, Calif.）、日華事変で前線で戦っている将兵のために慰問品を送っていた。「われわれは、日本にいれば前線に出なければならないのですが、アメリカにいるので前線には出られません。それゆえ、慰問品をお送りします」というのがその口上であった。また、昭和十五年に紀元二千六百年の祝典があるので、その記念にこの兵役義務者会から靖国神社に何か献納したいという申入れをし、御手水舎《おてみずしゃ》を献納することになった。それで、それまでの御手水舎を神社内の他の場所に移し、その跡に茨城県西茨城郡稲田から大花崗岩《かこうがん》を切り出して、新しく縦五四六センチ（三間余）、横一八〇センチ（一間）の現在の大手水鉢《ちょうずばち》を据えたのである。

村山君は、兵役義務者会の中心人物であったから、在米日本人八七五五人から集めた米貨一万五三三六ドル、邦貨換算六万六二五一円五二銭（換算率：一ドル四円三二銭）を持参して来日し、昭和十五年七月十七日に寄付願を提出、八月十日に地鎮祭、十月十日に竣工式がおこなわれた。この式のあとで、義務者会の各支部に送るために、村山君はフロックコートにシルクハットの姿で宮司の鈴木孝雄大将と二人並んで御手水舎を背景に写真を撮っている。彼は自己宣伝が嫌いなので、この話は友だちにもほとんどしなかったのだが、二年後にこの写真を外務省のラジオ室に持って来た。樺山君と私はこれを見て、「これは有《たもつ》のチンドン屋ではないか」と、日ごろはネクタイもしない彼をからかった。彼はそのころは同盟通信社にいたが、戦後はずっとジャパンタイムズ社に勤めていて、ボーイスカウト日本連盟でも活躍していた。

こんな大和魂のかたまりのような愛国者が、スパイ容疑で二度逮捕された。第一回は、日米開戦の当日の十二月八日の払暁で、渋谷警察署に連行され、殴る・蹴る・怒鳴るの尋問をうけた。さいわい、外務省の鈴木耕一氏が警視庁に連絡されたので、二四時間で釈放された。第二回は、昭和十七年六月のミッドウェー敗戦が報道された日で、九段の憲兵隊本部に連行され、スパイだといって、また殴る・蹴るの暴行をうけた。このときには樺山君が飛んで来たので、釈放された。これは、二世はスパイだと頭から決めてかかる、当時の風潮の過ちを物語るエピソードであるが、日米開戦後、日本にいたアメリカ生れの二世はみんな苦しんだようである。それについて村山君は、「このころ二世は、きわめて深刻な感情であった。太平洋沿岸の日本人の強制立ち退き等のニュースに重苦しい心境に立たされていたのである。遠く離れた父母は……、そして兄弟姉妹はどうなるのだろうかと、米国からのニュースを聞きながらいくど暗涙にむせんだことであろうか」と書き残している。

敝之館の人びと

昭和十二年四月、河相達夫さんは外務省情報部長に任命された。河相さんはなかなか見識のある方で、またアイディアマンでもあったから、情報部長のときに、役人らしくない外務省の事業を発案された。それは、日本を正しく世界に紹介し、理解させるためには、どうしても英語の堪能な二世に奨学金をあたえて日本に招いて教育し、日米の相互理解と親善のための掛け橋となる若者を養成しなければならないという提案であった。それで河相さんは、大正七年に外交官試験をパスしたときの同期生であった吉沢清次郎アメリカ局長と相談して、この二世の教育機関を設立することに決定し、河相さんはそれを敝之館《へいしかん》と命名された。そして「日米の掛け橋」というのが、敝之館の合ことばになった。

河相さんは、若いときにカナダのヴァンクーヴァーの領事、そしてのちに在ワシントン日本大使館一等書記官をされたことがあるが、残りはほとんどすべて中国と本省勤務とであったから、外務省切っての中国通であり、中国人のような書をものされる書家でもあった。そのようなわけでこの「敝之」という聞きなれないことばも、『論語』にあるのだそうである。私は、太平洋戦争開戦から交換船に乗るまでの八か月のあいだ、十数人の人たちといっしょにメルボルンの河相公使公邸に抑留されていた。仕事はないし、毎日毎日、朝、昼、晩と同じ顔ぶれで食事をするのだから、話も尽きてしまう感じであった。そのとき公使の秘書をしていた堤田玉枝さんは、敝之館の一回生であったから、「敝之」のことばの起原についても、おりにふれて公使からうかがった。しかし大部分忘れてしまったので、このたび、友人にあらためて教えてもらったという。

『論語』第五章「公冶長篇」で孔子が理想社会の考えを弟子の子路に問うた——「子路曰《ク》願《ねがわくは》車馬衣軽裘《けいきゅうヲ》与《と》二朋友一共《ニシ》敝《やぶりて》レ之《ヲ》而《シテ》無《カラン》レ憾《うらムコト》」（子路がいうには、車や馬や着物や毛皮の外套を、友だちみんなで共有し、それを使いふるし破れ損じても、惜しいことをしたと、くよくよしない社会でありたい）。この子路の考えていることは、東洋的な共産思想である。河相さんは、この東洋思想とアメリカのキリスト教的個人主義との調和を考えておられたのだそうである。

この説明を聞くと、『新約聖書』を読んだ者は、ひじょうに似たことばがあることに気づく。「信者たちはみな一緒にいて、いっさいの物を共有にし、資産や持ち物を売っては、必要に応じてみんなの者に分け与えた」（「使徒行伝」二章四十四、五節）、あるいは「信じた者の群れは、心を一つにし思いを一つにして、だれひとりその持ち物を自分のものだと主張する者がなく、いっさいの物を共有にしていた」（「使徒行伝」四章三十二節）。以上は、東西の古代人が理想として夢み、そして少人数では実行していた共産社会であると思う。

敝之館第一回生卒業の日　前列左より三人目が赤松校長、中央が熊崎館長、一人おいて柳事務長、後列右端が山田寮母（写真中央に傷があって見苦しいが、保存の仕方が悪く、二つ折にしてしまったためである）

さて、この敝之館は、全寮制の教育機関として昭和十四年十二月一日に開校された。場所は、東京都中野区高根町十二番地で、中央線の東中野駅の南側で歩いて五、六分のところにあった。このときに入学した第一回生は――遅れてきた者もあったが――一六人で、その内訳は、アメリカのハワイと太平洋沿岸生れの二世が一四人、そのうち女子が古屋薫さんと堤田玉枝さんの二人、そしてカナダ生れの二世が西川英一君と上野一麿君の二人であった。

館長は熊崎良《りょう》さん（五十四歳）、校長が赤松祐之《すけゆき》さん（五十五歳）、事務長が柳悦之《よしゆき》さん（五十三歳）であった。

熊崎さんは、一ッ橋高商卒で、かつてUP通信社にもいた英語のたいへん達者な方で、英字新聞や英字雑誌の特約寄稿家 Columnist をしておられたそうである。敝之館にときおり来て、国際情勢について話をされた。

赤松さんは、ホノルル総領事、国際連盟日本事務所長、ブラジル公使などをなさった外交官であったから、憲法や国際法などの講義をされた。

柳さんは、青島領事をなさった外交官で、敝之館の経理と事務のいっさいを一人でやっておられた。柳さんは、とても世話好きの方だったそうだが、昭和十四年十月二十日ごろに龍田丸でハワイから来日する一回生の中田格郎君、大上聡君、石川碩文君の三人を横浜港に迎えに行ったときに、いま一人の別の二世を引き受けて来られた。それは、白木誠君という十九歳の青年で、お父さんはハワイ島でコーヒー園を経営していた。じつは彼が日本で世話になるはずの方が急に都合が悪くなったので、横浜港に着いたのだが、どこにも行くあてがない。柳さんはそれを聞いて、「まあ、いっしょに来たまえ」といって東中野に連れて帰られた。

しかし柳さんの家には、息子さんが三人、お嬢さんが一人いるばかりでなく、敝之館の学生が四人住んでいるのであるから、いつまでも彼をおいておくわけにはいかない。

それで柳さんは、一か月ほどして、白木君を、登戸にある社団法人瑞穂学園の寮に入れ、つづいて自分が保証人になって明治大学商学部に入学させ、卒業したときに就職の世話までされた。

私がこの話を書いてよいかと白木さんに電話でおたずねすると、白木さんは、「けっこうです。柳さん、奥さんの絹子さん、その妹の山田桂子さん（敝之館の寮母）には、ひと方ならないお世話になりました。うんと褒めてあげてください。このお三人をどんなに褒めて書かれても嘘にはなりません」とのお話であった。白木さんは、いま六十歳で、息子さん夫婦とお孫さん二人とともに横浜で幸福に暮らしておられる。戦時中に憲兵があまりうるさくいうので、とうとうアメリカ国籍を放棄したので、戦後、ハワイに住むことができなくなってしまったのである。それで、いまは、ハワイにいちばん近い横浜に住んでおられるのではないかと私は想像している。

敝之館の建物は延坪七〇坪（二三一平方メートル）ぐらいで、当時の家賃は月百円であった。階下が六部屋、二階が三部屋であったから、教室をとったうえに一六人が生活するのには、すこし手狭であった。それで一六人のうち四人が柳さんのお家の二階で生活したわけである。柳さんのお家は、敝之館の分館というかたちで、本館から歩いて七分ほどのところで、中野区小淀町二十七番地にあり、家賃は月六〇円であった。こんなわけで敝之館は、学校というよりも徳川時代の塾のようであった。「敝之館館則」というものがあって、その最初に次の方針が示されていた。

一、館員は、すべからく高き理想を堅持すべし。

二、館員は、気力努力体力を涵養発揮すべし。

三、館員は、相互に友情を篤くし、常に明朗闊達なるべし。

この第一回生の一六人の募集は、昭和十四（一九三九）年二月ごろ、ハワイやアメリカとカナダの太平洋沿岸の日本総領事館および領事館でおこなわれ、試験と面接ののち採用を決定した。その募集要領は、次のようである。

一、学歴は、ハイスクール卒。

二、年齢は、三十歳未満（最高二十六歳の人がいた）。

三、教育期間は二か年間。

四、奨学金は月額八〇円。そのうち、敝之館に食費と居住費を三〇円納めるから、残りの五〇円が各自の小遣い。

五、卒業後に、外務省に勤めなければならないというような、義務はない。英語でいえば、no obligation である。

これにより、第一回生の卒業生の男一四人（女子の古屋さんは病気で帰米し、堤田さんは河相公使の秘書となってオーストラリアに行った）のなかで、同盟通信社と満鉄に就職した者が一人ずついたし、また、外務省ではあるがラジオ室ではなく、南京・上海・タイ国などの大使館や総領事館に派遣された者もいた。

敝之館での学科は、毎日、午前九時から午後二時か三時までで、課目は第一が日本語で、それに日本憲法、国際法、日本歴史、政治、経済、漢文、行儀作法などであった。日本語については、人によって出来・不出来の差があったが、最初はずいぶん困った人があったらしく、珍談奇談が残っている。そのころは電話のかかりの悪いときであったから、A君は、「今日は電話のお通《つう》じがとてもようございます」といって、みなに笑われた。またB君は、チリ紙が買いたくて、雑貨屋に行き、「お尻紙を下さい」といって、店番の娘さんを仰天させた。それに、日本語は上手だと自分では思っている二世でも、ハワイやカリフォルニアの日本語は、広島方言や福岡方言などが多く、東京ではなかなか通じなかった。

一回生がとくに楽しかったのは、春休み・夏休み・冬休みに柳さんが全員を引率して、北は北海道から南は台湾まで旅行したことであった。もっとも、これは、日米開戦の八日前に敝之館を卒業することのできた一回生の特権で、その後に敝之館に入学した二回生以後の人たちには、そんな遠距離の旅行などできなくなったことはもちろんである。

一回生がすでに二年生になっていた昭和十六年二月のある日、一回生のなかでの電気技師である荻島良一君が、アメリカ製の最新式の短波用ラジオ受信機が外務省に着いたから行くように、との指図をうけた。それで外務省に行ってみると、いま梱包が開けられたところで、機械はハマールント社製の「スーパープロ」であった。その現場で働いていた外務省の人が樺山君で、これが皷之館の二世と樺山君との初対面だった。その後アメリカ製の短波受信機が続々到着し、設備は目に見えて充実していった。それで、一回生の男一四人が、朝と昼は皷之館で教育をうけ、夕方から二、三人ずつ当番をつくって外務省に行き、世界各地からの短波放送の傍受の仕事にたずさわったのである。

皷之館の第二回生の入学は、第一回生から二年遅れた昭和十六年十二月である。この月の八日には太平洋戦争がはじまったし、皷之館にはまだ一回生が残り住んでいたし、二回生は順次集まってきたので、入学式はなく、授業がはじまったのは翌年の一月からであった。この二回生は、日本にすでに来ていた人が多く、二二人であったので、阿佐ヶ谷駅の南で青梅街道を越えて一二分ぐらいの成宗に、いま一軒借家をして、七人がそこに住んだ。二回生の話では、「この家は、たしかアメリカ生れ二世の大先輩である東ヶ崎潔さんの持ち家であったように記憶する」とのことである。みんなは、この家を「阿佐ヶ谷寮」とか「成宗寮」とかよんでいた。なにしろ戦争になったので、二回生は初年度からラジオ室の傍受の仕事を手伝った。

ここで、敝之館で教育をうけた二世の内訳を示すと、次のようである。

	入学年月日	卒業年月日	入学者数	卒業者数
第一回生	昭十四年十二月一日	昭十六年十一月三十日	一六	一四
第二回生	昭十六年十二月	昭十八年十一月三日	二三	一八
第三回生	昭十八年四月一日	昭二十年三月二十日	八	七
第四回生	昭十九年四月一日	昭二十年八月　解散	一七	
第五回生	昭二十年四月一日	昭二十年八月　解散	五	

なぜ戦争中なのに四回生と五回生がアメリカから来ることができたのかというと、彼らは交換船で引き揚げてきた人たちもいたし、それに日本の地方から上京して来た者、アメリカとカナダ以外の二世も加わったからであった。また、四回生の数が多いのは、まえから日本の大学に通っていた七人の二世を通学生として、また女子部を新設して四人を入学させたためである。これらの敝之館の学生と卒業生のうち、召集され、出征し

た者は、全部で六人で、二回生の富田周一君と高村統一郎君の二人が戦死した。

敝之館は、かねてから拡張の計画があったのだが、渋谷区豊沢町五十八番地（九〇八坪）と五十一番地（二〇〇坪）に家屋付きの適当な場所があったので、昭和十八年の八月と九月の二回にわたって購入した。そして居住者の引越しなどで手間どり、実際に引越しをはじめたのは翌年の十二月からであった。それゆえ、移転先を利用したのは三回生（最後の四か月）、四回生、五回生だけである。そして敝之館は、五回生を最後に廃止された。

アメリカ国内放送の傍受

短波の傍受が大体軌道に乗ってきたので、昭和十八年九月になって樺山君と小平君とのあいだで、敵国アメリカの中波の国内放送を日本で聞くことはできないだろうか、という話になった。その狙いは、日本の短波の国際放送と中波の国内放送ではその内容が大きくちがっているのだから、アメリカの国内放送を聞いて分析したら、きっと国際放送ではわからない戦時中のアメリカの国内事情がはっきりわかるのではないか、ということであった。

ちょうどこのころ、京王電鉄の国領駅の近くにあるＹＷＣＡの「憩いの家」をラジオ室の分室として借りることができ、万一の場合のラジオ室の疎開先ができたので、もしアメリカ国内の中波放送を聞くことができるならば、この国領の分室で短波に合わせてその中波の傍受を実行しようという考えになったのである。

ところで、だれでも知っているように、短波は高空の電離層で反射するので、強弱はあるにしても全世界の放送が聞こえてくるのだが、八〇〇〇キロも離れたアメリカ西海岸の中波放送が日本で聞こえるということは、当時の電気技術者の常識にはなかった。

しかし、関係者を力づける一つのヒントがあった。ラジオ室の技師長格である荻島良一君は十四歳のころから故郷のシアトルでアマチュア無線のハムをやっていたが、彼のいうには、「アメリカの無線放送の雑誌で読んだのですが、アメリカ東部の最北端のメイン州でイギリスに向けて直線二三マイル（約三七キロ）の長い長いアンテナを張って、大西洋を隔てたイギリスの長波のモールス信号を傍受した、という記事がありました」とのことである。そして「そのアンテナが地上一〇フィート（約三メートル）ぐらいのごく低いところに張ってある写真が載っていました」と、まことに貴重な情報を記憶していた。できそうなことは何でもすぐ実行するというのが樺山君の主義であったから、中波ならそんなに長いアンテナでなくても聞こえるのではあるまいかと考え、すぐやってみようということになった。

昭和十八年十月初旬、この試験を九十九里浜で実行することになった。これを担当したのは、小平君、敝之館一回生の荻島良一君と中田格郎君、それに、敝之館ではないがラジオ室にいたハワイ二世で電気技師の山口博君の四人である。みんなで中波・短波両用のハリクラフター受信機一台と、ありあわせのアンテナを全部持って、小平君の案内で、この破天荒な実験に心をふくらませて両国駅から銚子行の列車に乗り込み、銚子駅から五つ手前の旭駅に向かった。

目的地は、九十九里浜の北端で銚子に近い千葉県海上郡矢指村（現在は旭市）東足洗浜にある小平君の別荘であった。この小さな別荘は、アメリカに十数年おられた小平君の父親の小平国雄牧師が、サンフランシスコの対岸のオークランドにあった日本人独立教会から大正八年に引き揚げてこられ、関東大震災後、この静かな海岸に三百数十平方メートル（約百坪）の土地を買って、老後の休養の場所として建てられたものであった。当時この家に住んでいた小平君の夫人の艶子さんと小学六年生の長女ルツ子さんは、四人が到着したときの情景を、「一行は旭町（現在は旭市）の警察署長が案内し、巡査さんに付添われてきたので、近所の人が何事かと驚き、この不思議な人たちの仕事を見ようと集まってきました」と回想している。外務省では、アメリカ国内の中波放送を聞くという計画は極秘にしていたから、このときも、表面は短波放送を聞くのだとごまかして行ったのだ。ところが日本国内での短波の放送の傍受は禁止されていたから、一行は外務省情報部から紹介してくれていた旭町警察署をまず訪ねたのであった。

翌日の早朝から、アメリカに向けて直線にアンテナを張る作業をはじめた。われわれの常識では、アメリカの方向は九十九里浜の正面であると思いがちだが、九十九里浜は大きな弓形をしているから、北部のこの辺になると、海岸の正面はほとんど南へ向いている。それゆえ、地球儀や磁石で正確に方向を定め、海岸線と平行にちかい角度でアメリカに向けてアンテナを張った。そのときラジオ室にあったアンテナ線を全部つないだが、六〇〇メートルしかなかった。アンテナを張る作業は一日で終わった。というのは、九十九里の砂浜は比較的にかたく、高さ三メートルのアンテナを支える竹竿を立てることは、いたって容易だったからである。アメリカの中波の周波数は五三五〜一六〇五キロヘルツだから、波長にすれば約五六〇〜一八六メートルであって、六〇〇メートルのアンテナは、その最大の波長をやっと一波カバーできるだけのものであった。

アンテナを張り終わって、その日の夜、四人は心をはずませて傍受を開始した。日没になると、思ったより簡単にサンフランシスコの国内放送KGOが聞こえてきた。

みんなで、「万歳！　万歳！」である。持参したハリクラフター製の受信機は、感度がよく、なかなかよく聞こえたし、小平君の別荘に置いてあったアメリカ製の短波・中波両用のホームラジオでもＫＳＬソルトレークシティを聞くことができた。この日、戦時中の日本でアメリカ国内の中波放送を傍受するという偉業が、この四人の若者によって成功したのである。

これが昭和十八年の秋であることには、小平夫人の証言によって間違いないのだが、何月何日であったかは、だれも憶えていない。荻島君は、「九十九里では、すこし寒くて火鉢を囲んでいた」といっているし、反面、私はこのあと国領の「憩いの家」に一度行くのだが、それはあとで述べる理由で、十月二十日以後ではありえない。それゆえ、九十九里浜でのアメリカ中波放送の傍受が成功したのは同年十月上旬と断定して、まず間違いないと思う。

四人は、それから三日間、夢中になって昼夜兼行で傍受にあたった。それによって、次のことが明らかになった。

一、アメリカ国内の中波放送は日中は聞こえない。

二、日没から三時間だけがよく聞こえる。

三、その後は夜でも受信状態が急に悪くなってしまう。

しかしこのときに四人が直感的にもった一つの結論は、九十九里浜でこんなによく聞こえるのなら、東京郊外の国領でも必ず聞こえるにちがいないという確信であった。そして四人は、このことを樺山さんに報告するために急いで帰京した。

初めてアメリカの中波が聞こえたときには、さぞかし感激しただろうと思って、最近、当時二十七歳だった荻島君にそのときのことを聞いてみた。彼のいうには、「それは、実験が成功したときはとても嬉しかったのですが、いま一つ、忘れられない思い出があります。毎日、早朝に小平夫人が海岸で買って来てくださる魚が新鮮で、とてもおいしかったことです。ことに白身の刺身がとてもおいしいので、何という魚ですかと聞いたら、鮫だとのことです。鮫は、故郷のシアトルでは俗語でドッグフィシュ——『犬の餌』という意味ではないと思うが——といって、一般の人は食べない魚です」とのことである。しかし小平夫人の話だと、それは、大きな鮫ではなく、長さ四、五〇センチの鮫の子（？）で、土地では「でんずる」と呼んでいるものだそうである。

この報告をうけた樺山君は、すぐにアメリカ中波の本格的な傍受をすることにした。その場所は、国領駅の南、徒歩五、六分のところにあるキリスト教女子青年会ＹＷＣＡの「憩いの家」である。これは、私の知合いの津田英学塾卒業生の小長井藤子さんがそこでグレッグ式英文速記の先生をしていて、ラジオ室にも出入りしていたので、彼女の紹介で借りたものである。

このラジオ室分室の設営が終わったとき、私は樺山君と二人で見に行った。樺山君は、桑畑や野菜畑のなかを高さ三メートルで直線に四〇〇メートル伸びている粗末なアンテナを指して、「外部の人には、アメリカ国内の中波放送を聞くためですともいえないので、畑の持ち主のお百姓さんの了解を得るのに手間取り、一週間ほど遅れたんですよ」といっていた。この十月の中ごろには、私は、翌月の三日に開所される参謀本部駿河台分室に行くことが決まっていて、「日の丸アワー放送」のために一日おきぐらいに大森俘虜収容所に通って、俘虜たちと面接していたので、その間をぬって樺山君と二人で国領に行ったように記憶する。

そんなわけで、この時点で私はラジオ室の仕事から離れてしまったので、その後の中波放送傍受の進展については、このたび関係者に聞くまであまりよく知らなかった。関係者の話によると、国領で傍受することのできたアメリカの中波放送は二〇ほどあったが、それらは短波にくらべると微弱であったし、アメリカの国内ニュースはすごく早口だったので、最初は苦労したとのことである。そのうちでいつも聞いていた局名は、次のようである。

KGO　サンフランシスコ
KPO　オークランド
KNX　ロスアンゼルス

KFI　ロスアンゼルス
KIRO　シアトル
KPSC　シアトル
KOMO　シアトル
KSL　ソルトレークシティ（これがいちばん強力であった）

このほかに、アメリカ大陸中部の放送がどこまで聞こえるか試してみたところ、フェニックス、オクラホマシティ、ミネアポリス、セントポール、バトンルージュなどが聞こえた。

バトンルージュ Baton Rouge はルイジアナ州で、ミシシッピ川の河口の町ニューオーリンズから百数十キロ上流にある町で、これが、戦時中日本で傍受したアメリカの中波放送のなかで最も東のものであった。この町はロスアンゼルスから三〇〇〇キロも東であるから、日本からはゆうに一万キロを超えている。これは間違いなく当時の中波傍受の遠距離世界記録であろう。中波の電波は、地球の磁力によって引きつけられるのであろうか、地上すれすれの所を流れて来るようであるが、海ばかりで山がない太平洋を越えて日本にまで届くのではないかと想像された。いずれにしてもアメリカでは、敵国日本でこんなに多くの国内放送が聞かれているとは、夢にも知らなかったのではあるまいか。

国領でのアンテナは、道路につかえたので四〇〇メートルしか引けなかったし、九十九里浜にくらべると電波はすこし弱かった。それで、工夫して、アンテナを逆流する反射電波を抵抗を入れて殺したら、ずっとよく聞こえるようになった。受信状態は、一般的にいって、晴れた日はあまりよくなく、曇った日のほうがよかった。そして九十九里浜のときと同様、受信できるのは日没から二時間半か三時間で、日中も深夜も受信できなかった。なお、受信状態は季節によってひどくちがい、傍受できるのは九月末から翌年四月までの冬期だけで、五月初めから九月初めまでの夏期や、ぽかぽかした気候のときは、受信不可能であることがわかってきた。あとで考えてみると、九十九里浜で実験したのが十月初旬であったので、いとも簡単に聞くことができたのであるが、もしこれを八月にやったとしたら、ぜんぜん聞こえないで、中波の傍受を諦めてしまったのではあるまいか。

このように、アメリカ国内の中波放送が聞きとれたのは冬だけのニュースであったけれども、毎日、六、七局の放送を聞きとって、『ショートウェーヴ・ニューズ』とは別刷にして、表題のない極秘資料として外務省内部にだけ配布した。その量は、『ショートウェーヴ・ニューズ』がそのころはふつう六〇〜一〇〇ページであったのに、二〇〜

三〇ページほどであった。そして樺山君から、中波放送の傍受者に対して、短波放送とのくいちがいと、アメリカ国内の物価の上昇情況と、国民の戦意昂揚のスローガンなどにとくに注意するように、という指示があった。

国領のラジオ室分室には、ラジオ室の手持ちの受信機約二十台の約半数を持ち込んで、本業の短波放送の傍受にあたっていた。そしてそれに、冬にだけ中波放送の受信が加わるという形になっていたのである。国領の分室に住んでいたのは、傍受者数人と小長井藤子さん、それに世話してくださる加藤さんというおばさんとその娘さん二人の約十人である。そのほか、通いの人が数人いたから、傍受の仕事には、毎日、十人余りの人がたずさわっていたことになる。

当時の国領はまだ田園という感じだった。みんなで野草をつんだり、蛙――食用蛙もいた――や蛇を獲って、油で揚げてもらって食べたそうである。

外務省のラジオ室が戦時中の日本最高のリスニングポスト（陸軍にも海軍にも受信室があった）として短波・中波の傍受をすることができたのは、このように多くの人の協力があったからである。とくに次の二つの点は見逃すわけにはいかない。その第一は、河相情報部長の卓見でアメリカやカナダその他から若い二世を集めて敝之館で訓練したことが、戦争直前にはじめられたラジオ室の活動にギリギリに間に合ったということである。一回生と二回生とをあわせた約三十名の二世がいなかったら、ラジオ室のあれほどの活躍ができなかったことは明白である。その第二は、これとは無関係に、樺山君がイギリスとイタリアでの四年にわたる海外在勤を終えて昭和十五年五月に帰国して情報部勤務になり、アメリカ製の高性能の短波受信機を、日本の外交官がアメリカから帰国するたびに持ち帰ってもらったことである。彼がいなかったら、戦時中の日本にはごく貧弱な受信機だけのリスニングポストしかできなかったであろう。そして以上の二つの点に数々の偶然が加わって、この一大偉業を達成することができたのであった。

河相さんの追憶集『真鶴』のなかで、後輩の福島慎太郎さんは、河相さんの信条として、「人のまねをせず、自分の頭で物を考えること、なりゆきで仕事をせず、あくまで信念に忠実であること、新しい試みをおそれず実行すること」をあげている。私も心から同感である。

さて、最初に狙ったように、アメリカの短波の国際放送と中波の国内放送のあいだには何か大きなちがいがあったのであろうか。戦況がアメリカに有利であったため、大きなちがいはなかったのである。しかし中波放送では国民の戦意昂揚のスローガンなどはよく聞きとれたから、アメリカの国内の様子が手にとるようによくわかった。外務省ラジオ室の中波放送の傍受はここまで進んでいたのだが、残念ながら、それを宣伝に生かす機会はなかった。

戦時中にこの大事業に従事した責任者は、戦後、みんな死んだ。樺山君は、これで一生の仕事が終わったとでもいうのであろうか、戦後一年半して三十九歳十か月で死んだ。河相さんは、昭和四十一年十月三十一日、七十七歳で、熊崎さんは、昭和三十一年三月二十日、七十一歳で、赤松さんは、昭和四十五年八月二十八日、八十六歳で、柳さんは、昭和二十二年六月二十三日、六十一歳で、いずれもこの世を去られた。しかしこの人たちの情熱と努力の結晶であるラジオ室は、いまでは名を「ラヂオプレス」（「ヂ」で登録）と変えて、りっぱに生き残っている。

それは、終戦直後に樺山君の尽力で財団法人ラヂオプレス（略してRP）というニュース通信社が設立され、ラジオ室の短波受信関係の財産いっさいを継承して、短波傍受の仕事をつづけることになったからである。そして樺山、村山、小平の三君が相談して、畝之館卒業生を中心にした二世だけで経営させるという方針を立て、昭和二十一年一月から発足した。そういうわけで、二十九歳の荻島良一理事長、つづいて一歳年下の中田格郎理事長の下で事業は発展して、今日まで続いている。いまでも新聞で「RP」というクレディットの海外通信をよく見かけるが、それがこのラヂオプレスの受信したものなのである。それゆえわれわれラジオ室に関係した者は、新聞で「RP」の二字を見ると、「彼らやってるな」と思って、ほほ笑むのである。

対敵宣伝の三冊の名著

このように、第二次世界大戦の真っ最中に世界の空を飛びかう敵味方の短波放送を傍受する外務省のラジオ室にいて、日本人のだれよりも早く外国のニュースを読んでいた五人のグループの一人であった私は、日本の宣伝放送が外国の宣伝にくらべると無方針かつ無秩序であることに気づいて、当然のことながら、対敵宣伝放送の研究をしてみようという考えに到達したのであった。帰国後、一か月ほどして、樺山君とも相談し、第一次世界大戦のプロパガンダに関する本を神田古本屋で買い集めることからその仕事をはじめた。

そのころ日本政府も、長びく日華事変を見て、何となく日米戦争の危険を感じたのであろう、内閣情報部は、昭和十三年から十五年までの約二か年のあいだに海外で出版された戦時宣伝・謀略・諜報・防諜に関する本を一五冊ほど翻訳して、部内用の「情報宣伝研究資料」として印刷しておいてくれた。当時、これらは、二冊、三冊というふうに神田の古本屋に出ていたので、できるだけ多く買い集めた。

第一の名著は、この宣伝資料のなかの第三輯のハンス・ティンメ著『武器に依らざる世界大戦』である。これには、各国の対敵宣伝の組織や方針の変遷のほかに、各国がおこなった個々の宣伝内容が説明してあるので、私は、これは役に立つなと思った。

第二の名著は、ロバートソン・スコット著『是でも武士か』である。これは、第一次世界大戦のとき、イギリスの宣伝秘密本部が日本にわざわざ人を派遣して、日本人の心をドイツ人から切り離そうとして撃ち込んできた一大宣伝弾丸である。これは大正六年に私の父が買ったもので、このときには私が持っていた。

第三の名著は、『クルーハウスの秘密』である。これは、イギリスの宣伝本部「クルーハウス」の活動を、委員長代理であったキャンベル・ステュアート中佐が、戦後の一九二〇年に公表したものである。当時、飯野紀元訳『英国の宣伝秘密本部』という題名で出ていたこの訳本を神田で見つけて、読んでみると、第一次大戦の終りちかくにイギリスの宣伝本部が何を考え何をつくったかということが詳細に書いてあって、この本からも教えられることが多かった。

いったい、私は、生れつき本を読むことがひどく嫌いだし、学者とはほど遠い性格の人間だが、具体的なやっつけ仕事は得意とするので、私なりの流儀で観察と判断をすすめていった。それに、戦時中の仕事は、何でも即断即決である。そこで私は、次のように決断した。

一、『武器に依らざる世界大戦』『是でも武士か』『クルーハウスの秘密』の三冊の名著だけを研究の対象にし、他の本は無視すること。

二、この三冊は徹底的に熟読・研究して、第一次世界大戦当時の各国宣伝者の心を捕えること。

この決断が、「日の丸アワー放送」を自分がするきっかけになるとは、このときには考えもしなかったのだが、逆に、この三冊に出合わなかったら、あの放送ができたかどうか疑わしいと、いまでも思うのである。だから私は、いまでもこれらの本を翻訳しておいてくれた方々に感謝したい気持である。

この三冊の本から教えられたことは数限りない。それらは、大部分、対敵というよりも宣伝の本質にふれる問題であるから、今後、宣伝・広告・報道にたずさわる人たちも、一応、知っていたほうがよいと思うので、当時を回顧しながら、順を追って説明していこうと思う。

第二章　第一次世界大戦の対敵宣伝

第一次世界大戦は、一九一四（大正三）年八月三日（ドイツがフランスに宣戦布告）から一九一八（大正七）年十一月十一日にかけて、ドイツ・オーストリア軍と連合軍がたがいに総力をあげて戦った、四年三か月と八日間にわたる大戦争であった。ことに飛行機の出現によって、それが爆弾投下の軍用にも宣伝ビラの投下の宣伝用にも大いに利用されたし、またドイツは潜水艦Uボートで通商船も襲撃をしたから、人類が初めて経験した立体的な近代戦になったのである。

この戦争では、ドイツ軍が緒戦でベルギーの中立を犯し、シュリーフェン作戦によってイギリス軍とフランス軍を分断してパリに進撃しようとしたのであるが、九月六〜十二日のマルヌ会戦でイギリス・フランス連合軍の抵抗に遭遇して失敗した。その後、戦線は四年余にわたってフランス西北部から西部にかけて膠着し、最後にはイギリスのプロパガンダによってドイツ軍は戦意を失い、自国領土に敵兵をほとんど入れないまま崩壊してしまった、という話になっている。

けれども、ほんとうにプロパガンダによってこの大戦争の勝敗は決まったのだろうか？　プロパガンダ、すなわち宣伝とは、そんなに強力な武器なのであるか？

そして、イギリスの宣伝はそんなにすばらしかったのか？　ドイツ軍は、戦闘力とは逆に、宣伝に対してはそんなに弱かったのか？　何か、その裏に特殊な事情があったのではあるまいか？　というふうに、私の疑問はどんどん膨らんでいった。それで、よし、それでは宣伝という角度からこの大戦を徹底的に研究してみようという強い決心になって、まず初期のプロパガンダから勉強をはじめたのである。

初期のプロパガンダ

第一次世界大戦が開戦されると、すぐにフランスとドイツが飛行機や気球で宣伝ビラを空からまいたということについて、「情報宣伝研究資料」第三輯の『武器に依らざる世界大戦』には断片的な記録が報告されている。

まず、フランス側の宣伝ビラであるが、いちばん早いのは、開戦して数日後の八月九日にフランスの飛行士がアルサス・ロレーヌの人民に宛てた布告をロレーヌに投下したものがある。アルサス県とロレーヌ県の東半分は四三年前の普仏戦争でフランスが負けたときにビスマルクの強い主張でドイツに取られた土地である。フランス人はこのことを屈辱と怨みに思い、パリに「アルサス・ロレーヌ」という名の婦人像を建て、ずっと喪服が着せてあって、いつか取り返してやるぞと誓っていた。それゆえ、その布告については詳しく報告されてはいないけれども、こんどこそ両県はフランスがきっと取り返してやるぞ、それだからフランスのために戦え、というような内容であったことは、容易に想像される。

ドイツ軍がフランス領に怒濤のように侵入してきた最初のころの戦況では、連合軍側は勝利の報道をする機会はほとんどなかったので、「でたらめ宣伝」をやった。すなわち、フランスの飛行士がドイツのレッチッヒ（場所不詳）に、「イギリスとフランスの艦隊が、ハンブルク、キール軍港、リューベック、ステティン等の都市を占領した」というような内容の宣伝ビラを投下したのである。

このビラの投下の事実は、『ベルリン昼刊新聞』*Berliner Zeitung am Mittag*

ハンス・ティンメ著『武器に依らざる世界大戦』（「情報宣伝研究資料」第三輯）の表紙

とオランダの『デ・タイド』*De Tijd* が報道しているものであるが、これは、真っ赤な嘘で、すぐそれがばれてしまう、まことに愚かな宣伝であった。

マルヌ会戦でドイツ軍の進撃を止めてから、フランスの宣伝も少し生気をとりもどしたが、九月十七日にドイツの西南部のシュワルツワルトのノイシュタット Neustadt（フライブルクの東約三〇キロ）で、羊飼いの子供が風船につけたドイツ文の宣伝ビラの束を拾った。そのビラには、「ドイツ軍に与う」という見出しで、「ドイツ軍は、いずれは全滅されるであろう」と、威勢のいいことが書いてあった。

これにつづいて、フランスの総司令部の指導でおこなわれたと思われる宣伝ビラが現われた。それは、ドイツ兵が俘虜《ふりょ》になることを恐れないようにするという狙いに重点が置かれていた。この種の布告が、十月七日にアミー（場所不詳）で飛行士により散布され、また十一月十一日にはローエやロレーヌにも投下されたと報告されている。そして一九一五年の春になると、一般的に飛行機による宣伝ビラの投下は禁止されるのであるけれども、総司令部の許可があればよいので、国境に近いアルデンヌ県の『アルデンヌ新聞』*Gazette des Ardennes* が、フランス系住民の多いアルサス・ロレーヌに定期的に飛行機で散布されたようである。

次は、ドイツ側の投下した宣伝ビラであるが、開戦後一か月もたたない八月三十日にドイツの飛行機が一機パリに飛来して、「降伏せよ」という表題の黒と白と赤で色どった手紙を上空から散布している。これは、ベルギーや北フランス方面のドイツ軍の快進撃に気をよくしておこなったものであろうが、これも計画的にやったものとは思えない。ただ、これが、第一次世界大戦でドイツがおこなった最初の宣伝ビラ投下としてたった一つ記録に残っているものである。いずれにしても、これらの初期の宣伝は、よく考えた宣伝論法などぜんぜん見当たらない、いたって幼稚なものであった。

なにしろ、一八七〇〜七一年の普仏戦争はわずか六か月と九日間の戦争であったから、ドイツ側はこんどの戦争もすぐ勝てると思ってはじめたのだし、イギリスとフランスも、この戦争が全ヨーロッパの死闘になる大戦争になるとは、最初は夢にも考えなかったようである。それであるから、戦争初期のフランス人やドイツ人の気持はおおらかで、彼らがたがいにやりあったのは茶目気のある宣伝であった。

しかし一度はじめた戦争は、そんな呑気なものではなかった。戦争は、フランスの領土内で膠着する塹壕戦となり、とくにベルダンの攻防戦では両軍の死者十三万人という、どぶ鼠の集団殺し合いのような死闘が四年あまりつづき、ついにアメリカの参戦とイギリスのプロパガンダが大戦の帰趨を決して、ドイツの敗北に終わったのであった。

フランスのプロパガンダ

第一次世界大戦のはじめにフランスが組織的におこなったプロパガンダで第一にとりあげなければならないのは、『ジャキューズ』*J'accuse*（「われ糾弾す」の意）という本である。これは、一九一五年四月四日、スイスのローザンヌのパイヨ出版有限会社 Payot S. A. Librairie から出版されたもので、著者は「一人のドイツ人」となっている。この人物はリヒャルト・グレリンク博士 Greling, Dr. Richard という、ユダヤ系ドイツ人の弁護士で、ドイツ著作家協会の法律顧問や、一八九三年に設立されたドイツ平和協会の創立者の一人として副会長をしていた人であることが、戦後、明らかになる。彼は一九〇七年いらいイタリアのフィレンツェに住んでいたが、大戦の勃発とともに、最初はベルリンに滞在し、のちにスイスのチューリヒに落ち着いて、この『ジャキューズ』を書いた（『武器に依らざる世界大戦』八〇ページ以下）。

彼は、この本のなかで、戦争犯罪者としてのドイツ皇帝・ドイツ政府・ドイツ支配階級に対する徹底的な弾劾をおこなっている。

一、ドイツ皇帝は、まったくの征服欲から、平和で無邪気な世界を長年準備した武器で襲った。

二、ドイツ政府は、この戦争は防衛戦争だと主張しているが、それはとんでもない嘘だ。

三、独裁政治は、革命によって破壊さるべきで、共和国こそ同じ罪が反復されないために必要な保障である。

この本での弾劾は痛烈を極めている。たとえば、次のような句がある。

"Never in the history of the world has a greater crime than this been committed. Never has a crime after its commission been denied with greater effrontery and hypocrisy."（世界の歴史のなかでこれ以上の大きな罪が犯されたことはない。そして犯したあとで、これ以上の厚顔と偽善で否定されたことはない。）

このことばは、連合国側の人が聞けば痛快であろうが、ドイツの大衆が聞いたときにどう感じるかということについての配慮がぜんぜん欠けているように思われる。

この本は、初めはドイツ語で書かれたが、まずフランス宣伝本部がこれをとりあげてフランス語版五万部を印刷し、それにイギリスが協力して中国語を含む十か国語（日本語版はない）に翻訳され、無数に印刷されて、世界じゅうに散布された。つまり、宣伝本としてはフランス語版が基本なので、フランス語で『ジャキューズ』と呼ばれている。

この本はまた、ドイツ語版に『一九一四年のドイツとスイスの貿易関係』という、まるで内容とちがった表題をつけて、スイスからドイツに送り込まれたが、ドイツ側の警戒が厳重で、あまり多量にははいり込まなかったようである。それでフランス宣伝本部では、気球に乗せて投下するために、ポケット聖書にならった薄紙の縮刷本（日本では「袖珍版」と訳した）をパリの国立印刷所で作成し、『真理』という題名をつけて、黒・白・赤の包紙につつんで、一九一五年十一月、二万部以上をドイツ戦線に投下した。日本では第二次大戦後に『われ糾弾す』という本が出ているが、それはこの『ジャキューズ』の日本訳ではない。

第一次世界大戦の最初のころは、この戦争を起こした責任者はだれかという戦争責任論がヨーロッパではさかんにおこなわれていた。ユダヤ系のドイツ人であるグレリンクの『ジャキューズ』は、「それはドイツ皇帝だ！」と明確にいって、強烈に非難していたので、フランス政府もこれに飛びついたのであろう。

グレリンクは、『ジャキューズ』の成功に気をよくして、つづけて『ル・クリム』*Le crime*（「犯罪」の意。ドイツ語原本は *Das Verbrechen* で英訳は *The Crime*）という部厚い本を上下二巻書いた。その第一巻は一九一七年に、第二巻は一九一八年に、同じくローザンヌのパイヨから出版されたが、内容は『ジャキューズ』の論点を敷衍《ふえん》したもので、著者自身も、「この本は『ジャキューズ』の各論点を拡充して述べ、完成するために書いたものである」といっている。ドイツ人らしく、ねちねちとくどい議論を繰り返して、ドイツの戦争指導者への非難・攻撃に終始していて、二番煎じの感が強いので、一般の評判も悪く、ブームにはならなかった。

ただ、『ル・クリム』第一巻の初めに、ドイツの宗教改革者マルチン・ルッターの次のようなことばが引用してある。

「一人の意見に従ってはいけない。人びとは両方の意見に、公平に耳を傾けなければならない」

これは、ルッターが宗教改革のときに公開討論の席上で述べたのだそうであるが、いまの皇帝独裁のドイツでは、このことばが無視されているというのである。これは、立派な宣伝論法になっていると思った。

考えてみると、グレリンクの著書は、もともと同盟国・中立国向けの宣伝で、対敵宣伝としては皇帝と国民との離間に少しは役立っているが、彼の誹謗は強烈すぎて、ドイツ国民の心に反撥する気持を起こさせるのではないかとも思われた。それで、『ジャキューーズ』と『ル・クリム』は対敵宣伝の参考書としては不適当なものだろうと思ったが、それでも実物を見たいと思って、あちらこちらを探していたところ、「日の丸アワー」の放送開始の直前になって、英訳の『ザ・クライム』二冊が、神田神保町角の昔の波多野のおじいさんが店主の巌松堂の倉庫で、そして英訳の『アイ・アッキューズ』が虎の門の華族会館の書棚で見つかった。戦時中だからとても見つかるまいと思っていたものが、見つかったのであった。

『ザ・クライム』には「S・J・モリオカ　一九一八年二月十一日」とサインがしてある。また『アイ・アッキューズ』を持ち帰られたのは副島道正伯爵ではないかと想像している。これらの本を手にして、日本に持ち込んでおいてくれた人に感謝をいいたい気持であった。

グレリンクにつづいて、ドイツの皇帝と政府とをひどく攻撃したのが、ヘルマン・レーゼマイヤー博士 Lesemeyer, Dr. Hermann である。彼は、北ドイツのミンデンに近いビュッケブルク Bückeburg 出身で（ユダヤ人かどうか不明）、社会主義的な新聞で働いていたジャーナリストであった。彼の仲間は、「彼は誠実な理想主義者ではあるが、極度に興奮しやすい神経衰弱患者だ」と批評している（『武器に依らざる世界大戦』八五ページ以下）。

一九一六年の初めに四十五歳を越えたこの男は、妻子を連れてスイスに移った。彼はフランス文化の崇拝者で、ドイツを去るときに声明書を書いたが、その声明書を、「私は人道主義をドイツ国の上におく。そして、一人の世界市民であるために、私はドイツ人であることを諦めたのであった」ということばで結んでいる。そして彼は、ただちにドイツ政府に対する闘争に突入した。それで一九一六年の春、ドイツ語で『ドイツ国民よ、目覚めよ』という表題の「ドイツの市民、労働者に宛てた公開状」を書いた。これは、ドイツ政府に対して、戦争の計画的攻撃の罪を責め、支配階級・田舎貴族と大企業を打倒することを国民に呼びかけたものである。

フランスの宣伝指導部では、この本を高い原稿料で買い取った。そして、ドイツ語とフランス語の縮刷本をそれぞれ一〇万部つくり、ドイツ語版は一九一六年夏に気球でドイツ戦線の後方に散布した。それと同時に、この『ドイツ国民よ、目覚めよ』は、多くのことばに翻訳された。

一九一八年六月のドイツ軍の総攻撃を知って、レーゼマイヤーは狂気のようになり、『フランス国民に訴える、追放された一ドイツ人の公開状』という手紙形式のパンフレットを書いた。これはまた『あるドイツ魂の叫び』という題名でも印刷された。そのなかに次のような句がある。

「フランスの国民よ！　君はまだ憎みたりない。君の憎しみはまだ真剣ではないし、十分に燃え上がってはいない。……君は、ドイツ国民について、いまだに幻想を抱いているのではないか。幻想をふるい落とせ。裸の真実を直視せよ。君は、悪魔に身を売り、罪悪に魂を売り渡した国民を相手にしているのだぞ。世界がかつて見たうちで最も狂信的な、最も不名誉な、最も残忍な、最も醜き悪党のお伴をして歩きまわっている国民を。……今日のドイツ国民を人間と見ることをやめよ。この人間の姿をした動物、このドイツの悪魔の軛の下に身を屈するよりは、死んだほうがまだしもましではないか」

これでは、対敵宣伝ではなく、悪口の言い合いである。ここで彼は、とうとう対敵宣伝者ではない正体を現わしてしまったのである。スイス連邦会議は、一九一八年十一月八日(終戦の三日前)に、遅ればせではあったが、この箇所を理由にして全会一致でレーゼマイヤーを中立侵害罪として追放することに決定した。

グレリンクとレーゼマイヤーの二人は狂的にドイツの皇帝と政府の戦争責任を攻撃したが、それとはひと味ちがった角度からドイツ国を攻撃したのがヘルマン・フェルナウ Fernau, Hermann である。彼はユダヤ人で、東部ドイツのブレスラウ Breslau(現在はポーランド領)に生まれ、本名はラットというらしいが、著述家でジャーナリストになった人である。二十一歳までドイツで暮らしたが、その後、世界大戦勃発までの九年間はパリに住んでいた。

フェルナウは、フランス文明、ことにその個人主義的で民主的な政治形態に心酔して、ドイツの非民主主義的な社会は間違っていると固く信ずるようになった。そしてこの観点からドイツ攻撃をおこなった。そのようなわけだから、戦争がはじまってからも、フランス政府はこのドイツ人をごく例外的に取り扱い、彼のパリでの自由な活動を許していた。ところが、一つの事件が起きた。

当時のパリではドイツ語の『ドイツ俘虜新聞』というものが発行されていたが、一九一五年三月二十日付の同紙第八号に彼の執筆した「ドイツ国歌の替え歌」が掲載された。そのドイツの国歌『世界に冠たるドイツ』*Deutschland über Alles* の替え歌は次のようである。

ドイチュラント、ドイチュラント、すべての上に、
　これがわしらの国歌であった。
酒杯のひびきあるところ、
　歌は誇らかにこだました。
呪え、この歌、それはただ
　つくった詩人の恥である。
この歌こそはドイツの国を

すべての人の怨みとしたのだ。

このの ち、西部戦線の前線では讃美歌や民謡の替え歌がさかんにつくられるようになるが、これが国歌であるという点で一般のフランス人にも不愉快な印象をあたえ、結局、フェルナウはフランスから追放されて、一九一五年五月にスイスのバーゼルに行った。追放されても、この自由主義者は、ドイツ攻撃の手をゆるめなかった。一九一六年一月に彼は、グレリンクの『ジャキューズ』に対する攻撃を防御する目的で、『まさに私が一ドイツ人であるがゆえに』という題の一文を発表した。フランスの宣伝本部はこれを取り上げて、各国語に翻訳し、ドイツ語版は例の手で小さい袖珍版をつくってドイツ戦線に散布した。

これにつづいてフェルナウは、一九一七年の初めに、世界大戦についての彼の見解を『いざ、デモクラシーへ』という本にまとめて、詳細に論述した。彼の見解というのはごく単純なもので、文明国民は、本来、例外なく平和を愛するものであり、ただ君主だけが生れながらの平和の攪乱者である、というのである。彼のことばによれば、「王家の関係しない戦争というものはありえない。王家か、人類か。これがこの世界大戦のもつ意味である」というのである。この『いざ、デモクラシーへ』も、フランス宣伝本部によって各国語に翻訳された。

一九一七年になってスイスのベルンでドイツ語の『自由新聞』*Die Freie Zeitung* が創刊され、その第一号は同年四月十四日に発行された。執筆者のうちヘルマン・フェルナウ（中心人物ではない）だけが公然と名前を出していたが、その他の人はほとんどみな匿名で、グラックス、ヘルウェウス、ヴェルヴォルフ、ルシアヌス、レディヴィーブ、スペクタトール、ボニファチウス、ゲルマニクスなどとローマ人の名が多く用いられていた。『自由新聞』の方針は、第一に、戦争の責任はドイツにあると強調すること、そして第二に、共和主義的・民主主義的見地からドイツ憲法の修正を要求することであった。

これよりさき、開戦いらい、ユダヤ人をはじめドイツ国籍でドイツの政策に不満をもつインテリの人びとが、中立国であるスイスに集まってきた。それで一九一六年にはそのうちの有力者によって在スイス－ドイツ共和主義者協会が組織され、元ベオグラード駐在のドイツ帝国領事ハンス・シュリーベン博士 Schlieben, Dr. Hans を指導者とするその協会の人びとのあいだで、ドイツ国内に革命の気運をつくるために自分たちの新聞を創刊しようという話が持ち上がっていた。そのとき、忽然として『自由新聞』が発行されたので、だれもが『自由新聞』創刊の中心人物はシュリーベンであろうといっていた。

この『自由新聞』発行の資金は主としてフランス政府から出ていたこと、そしてアメリカもそれに資金援助をしていたことは、ほぼ間違いないと、ハンス・ティンメは『武器に依らざる世界大戦』のなかで書いている。というのは、当時、フランスは強く否定したが、シュリーベンは、フランスの宣伝本部長アグナン教授の仲間と交際していたし、アメリカ宣伝部のホワイトハウス夫人（本名かどうか不明）とも密接に連絡していたからである。

このようにして『自由新聞』は、ドイツ亡命者の意見発表の場として大いに役立ち、この新聞を中心として、ドイツからの亡命者による自由新聞クラブができたのであった。

このドイツ語の新聞は、気球や飛行士によってドイツ軍の前線に散布され、フランスとイギリスの俘虜収容所に配られ、オランダへも多数送られた。スイスでの発行高は、三か月後には九〇〇〇部、一九一七年九月一日には一万四〇〇〇部、十二月十九日には二万部以上に達したと報告されている。しかしその後、スイス政府は、紙飢饉のため新聞用紙の消費高を制限したので、『自由新聞』は、印刷ずみの新聞を送るかわりに、鉛版をフランスに送って必要なだけ印刷させることにした。

ティンメの『武器に依らざる世界大戦』にはフランス側の宣伝活動の実例がほかにも

まだまだいろいろと書いてあるのだが、その主なものは以上のようである。そしてそれらに一貫しているのは、第一に、ドイツ帝国指導者の戦争責任の追及、第二に、共和主義・民主主義の宣伝、そして第三に、それを貫く自由主義思想の強調である。

スイスという国は、敵国ドイツに隣接しているばかりでなく、当時の総人口の六九パーセントがドイツ語系、二二パーセントがフランス語系、そして九パーセントがイタリア語系となっていたから、フランス語の原稿を送り込めばすぐドイツ語とイタリア語になるのであった。そのうえ、ドイツからの亡命者がどんどん集まって来て、ドイツ語で反ドイツ宣伝を書いてくれるのだから、フランスの対敵宣伝者にとってこんな便利な国はない。

この安易さにおぼれたのであろうか、大戦中を通じてドイツ人の戦意を叩きつぶすというフランス人自身の創作によるプロパガンダはほとんど見あたらない。「情報宣伝研究資料」第一輯のゲオルク・フーベル著『大戦間に於ける仏国の対独宣伝』にも具体的な宣伝内容らしいものがほとんどないのだから、驚き入った次第である。もちろんフランス人は、国内が戦場になり、攻め込んできた敵を自国内で防戦しているのだから、その切羽つまった気持と、ドイツ人が憎くてたまらない感情とは、理解できるのであるが、ヨーロッパ人のなかでとびきり頭の回転の早い彼らに対敵謀略宣伝ができなかったということは、まことに不思議である。

なお、ユダヤ人は、ヨーロッパでは中世いらい土地を所有することを禁止され、都市の一角にある「ゲットー」というユダヤ人地区に住むことを強制されていたから、商人、医者、弁護士、それからのちに新聞人などになって、生きてきた。それで、自国が戦争をすると、いつも犠牲になり、ひどい目に会ってきたので、心から戦争嫌いであり平和愛好者であった。それゆえ、グレリンク、フェルナウをはじめユダヤ系の人たちのドイツ皇帝と戦争指導者に対する憎悪は、ユダヤ民族の運命にかかわることだから、必死のことであった。それが、のちに、敗戦で苦しむドイツ人に「獅子身中の虫」という印象をあたえ、それに加えて、戦後のインフレーションのときにドイツ国籍のユダヤ人がドル買いというアメリカへの資本遁避《とんぴ》をおこない、ついには一兆マルクを一レンテンマルクにするという最悪の経済的不幸を国民が味わうことになった。この二つのユダヤ人の反ドイツの態度に対する怒りが爆発して、第二次世界大戦でのユダヤ人の大虐殺という、二十世紀のこととは思えないような一大悲惨事につながったのであった。

ドイツのプロパガンダ

驚いたことに、ドイツ人の書いた『武器に依らざる世界大戦』には「ドイツのプロパガンダ」という項目がない。それで私は、「情報宣伝研究資料」第二輯の『大戦間独逸《ドイツ》の諜報及宣伝』を調べてみた。この本は、ドイツ参謀本部の諜報部長ニコライ中佐が、戦後の一九二〇年二月、戦時中の活動を回想して書いたものの翻訳である。その題名があまりにも魅力的なので、大きな期待をもって開いてみた。しかし、組織や内部事情や防諜活動については詳細に書いてあるが、対敵宣伝についての具体的な実例がただ一つも書いてないので、びっくりし、かつ失望した。

何事についても観念的に分類し組織化することを得意とするドイツ人のことであるから、この本の末尾に「独逸諜報宣伝機関一覧表」というのがあり、それには、諜報部の任務が諜報勤務・新聞勤務・愛国教育勤務・敵諜報防衛勤務の四つに分類され、それがまた細分類されている。このようにドイツの宣伝組織は、フランスやイギリスにくらべて、形式的にははるかに完備していたのである。この本の扉には、そのときの参謀次長であったルーデンドルフ将軍の回顧録から、ニコライ中佐についての同将軍の批評が引用してある。

「ニコライ中佐は、稀有の精力をもち、義務心にあつく、天賦の組織的能力をもっていたが、その任務はすこぶる広範囲かつ多様で、むしろ過度であったようである」

そのニコライ中佐は次のように書いている。

「一八七〇年の普仏戦争のときには、参謀長のモルトケ将軍が宣伝戦をまったく無視したが、一九一四年の世界大戦のときには、参謀次長のルーデンドルフ将軍は宣伝戦の重要性をみとめ、私にその研究を命じられた。しかしドイツ参謀本部部内では宣伝軽視の空気がつよく、結局、有効な対敵宣伝をおこなうことができなかった」

それゆえドイツには、対敵のプロパガンダは皆無であったというのが事実のようである。この本でニコライ中佐は、敵連合国の対ドイツ宣伝について、次のように分析し判断を下している。

一、ドイツは戦争開始の責任者である。
二、ドイツが世界征覇の欲望を捨てない以上、この戦争はいつまでも継続する。
三、戦争中に残虐・非道をするのは、ドイツ軍だけである。
四、ドイツは敗戦すべきものである。

また彼は、連合国政府はドイツ国民に対して次のような公式の通告を発したとも書いている。

「ドイツ皇帝のホーエンツォレルン一家を崩壊させないかぎり、平和の話はしない。ドイツ国民は、平和を妨げている第一の障碍が何であるかを自覚すべきである」

ニコライ中佐は、このように、正しく連合軍側の宣伝意図を知っていたのだが、どうにもできなかったようである。とはいっても、ドイツ人ほどの優れた人たちに、これに対する反撃宣伝が何もできなかったというのは、これまた不思議である。このとき私は、優れた宣伝というものは、よい組織さえあればできるというものではないということを、しみじみと感じた。

ドイツは、武力戦ではまことに攻撃的であったが、それとは裏腹に、宣伝戦ではまったく受身であった。対敵宣伝では、受動法がどんなにだめかという標本のようなものである。これが、第一次世界大戦でドイツがわれわれに教えてくれた教訓である。

それで私は、樺山君とドイツ人の本質について話しあい、その理由と思われることを次のように想像してみた。

一、ドイツ人は、よく肩を張って「ドイツ文化《クルトゥール》」というが、心のなかではフランス文化やイギリス文化にひけ目を感じている。この文化的劣等感が、宣伝を受身にし、宣伝攻勢を不可能にしたのではあるまいか。

二、ドイツ人ことにプロイセン人は、力の信者である。彼らは、「戦争に勝てばいいんだろう」という考えをもっているように見える。それゆえ最高統帥部の戦争指導者も、宣伝を軽視したのではあるまいか。

三、ドイツ人は、長年にわたって隣国との力の抗争に明け暮れて、他民族の心を客観的に理解する余裕がなかった。相手の心がわからなければ対敵宣伝はできないのではあるまいか。

四、新聞界ではユダヤ人の勢力があまりにも強く、ユダヤ系新聞の統制ができず、国論を統一することができなかったからではあるまいか。

このようなわけで、第一次世界大戦におけるドイツの諜報宣伝機関の活動は、国内宣伝と防諜との二つにひどく片寄っていた。

すなわち、国内宣伝とは、国民一般の愛国心に訴えて、みんなが一致団結して敵にあたらせるということであるが、このときのドイツには、純粋なドイツ人のようには愛国心をもっていないユダヤ人が、自由思想派といわれて、新聞界で大きな勢力をもっていた。正確にいえば、自由思想派がみんなユダヤ系というわけではないのだが、同派の新聞は平和主義と国際主義であったから、ことごとに軍部と衝突した。

そのころ、ベルリンの市内で発行されていた新聞は五〇種類あったが、そのうち自由思想派が一四、社会党が一、そして中立が一五であった。そして残りの二〇が保守派、国民派など四つの派に分かれていたのだそうである。ことに自由思想派の新聞は、発行部数も上位で、一大勢力になっていた。その自由派新聞の主なものは次のようである。

『ベルリン日報』*Berliner Tageblatt*

『ベルリン国民新聞』*Berliner Volkszeitung*
『ベルリン朝刊新聞』*Berliner Morgenzeitung*
『ベルリン朝刊郵報』*Berliner Morgenpost*
『ベルリン昼刊新聞』*Berliner Zeitung am Mittag*
『ベルリン夕刊郵報』*Berliner Abendpost*
『ベルリン一般新聞』*Berliner Allgemeine Zeitung*

このほかにも、ドイツ南部の有力紙『フランクフルト新聞』*Frankfurter Zeitung* がユダヤ系であり、また有力な経済雑誌『未来』*Die Zukunft* の主幹マクシミリアン・ハルデンもユダヤ人で、この雑誌は、戦時の経済界を左右する有力者の読者が多く、売行きもよかった。

このようなわけであったから、ニコライ中佐も新聞の指導にはよほど手こずったらしく、次のように書いている。

「これらの新聞は内敵の観を呈し、売国奴、敗北主義者、悲観論者、国際主義者を煽ったのである。そして、国民の一致団結をさまたげたのは、社会民主党およびユダヤ系自由思想派の新聞が最もひどく、彼らが戦争に顧慮することなく、自己の目標を祖国の大目的以上に尊重するにおよんで、一大害毒を流すにいたった」（『大戦間独逸の諜報及宣伝』）

いま一つ、ドイツ側では防諜に力を注いでいた。ドイツにはスイスとオランダという二つの中立国が隣接していたので、フランスはスイスを通して、またイギリスはオランダを通して、新聞や書籍などの宣伝的出版物をドイツに送り込んできた。ことにドイツとスイスの国境には琵琶湖よりも二割ほど小さいボーデン湖 der Bodensee があって、宣伝物はこの湖水を渡ってドイツ国内に侵入してきた。それでドイツ側は、湖岸に防諜網を張りめぐらして、躍起になってその侵入を防いだのである。しかし、いくら防諜を上手にしても、宣伝戦に勝てるものではない。

そして戦争の終りごろになって、ドイツ軍は、イギリスとフランスが前線のドイツ兵の頭上から投下した宣伝ビラを兵士たちから買った。しかし、最後の六か月には連合軍は毎月二〇〇万枚から五〇〇万枚のイギリス製のリーフレット（文書宣伝ビラ）を投下したから、ドイツ側もみんな買い切れなくなってしまった。それで、勝利の希望を失ったドイツ軍の兵士は、ついに反乱を起こし、ドイツ軍は崩壊をしてしまったのである。

イギリスのプロパガンダ

全般的にいって、イギリスのプロパガンダは、フランスのプロパガンダとはまるでちがっていた。まず第一に、イギリスの場合、開戦直後の一九一四年から一九一五年にかけての短期間にリーフレット宣伝 Leaflet campaign をおこなったことである。その発案者は、タンクの発明者として戦史に残るスウィントン中佐で、彼は、第一次世界大戦が開戦されてからわずか二か月後の十月から、ドイツ語で書いた『ベカントマッフンク』*Bekanntmachung*（公報、公告、布告）というタブロイド判の新聞形式のものをつくって、飛行機で西部戦線のドイツ将兵の頭の上からまいたのである。

BEKANNTMACHUNG.

EINE AUFKLÄRUNG FÜR DIE DEUTSCHEN SOLDATEN.

Es ist bekannt geworden, dass den deutschen Soldaten mitgeteilt worden ist, die Englaender behandelten in unmenschlicher Weise die von ihnen Gefangengenommenen. Das ist eine Lüge.

Alle die deutschen Kriegsgefangenen werden gut behandelt, und erhalten von den Englaendern dieselbe Verpflegung wie ihre eigenen Soldaten.

Diese Gelegenheit wird jetzt wahrgenommen, um dem deutschen Soldaten über einige Tatsachen, die ihm bis jetzt geheim gehalten wurden, Aufschluss zu geben.

Das deutsche Heer hat niemals Paris erreicht noch besetzt, und hat sich seit dem 5 September davon zurückgezogen.

Das englische Heer ist weder gefangen noch geschlagen. Es nimmt jeden Tag an Kraft zu.

Das französische Heer ist nicht geschlagen. Ganz im Gegenteil, da es bei MONTMIRAIL den deutschen eine schwere Niederlage beibrachte.

Russland und Serbien haben Oesterreich in so entschiedener Weise geschlagen, dass es gar keine Rolle mehr spielt.

Mit Ausnahme von einigen Kreuzern, ist die deutsche Schiffahrt, Handels sowie Kriegsmarine auf dem Meere nicht mehr zu sehen.

Die englischen und deutschen Flotten haben alle beide Verluste erlitten, die Deutsche jedoch die schwersten.

Deutschland hat schon mehrere Kolonien verloren, und wird in kurzer Zeit was ihr übrig bleibt auch verlieren. Japan hat Deutschland den Krieg erklaert. Kiau-chiao wird von den Englaendern und Japanern jetzt belagert.

Die in der Presse verbreitete Nachricht, dass die englischen Kolonien und Indien im Aufstand gegen Grossbritanien seien, ist total unwahr. Ganz im Gegenteil, haben diese Kolonien grosse Truppenteile und viele Verpflegungsmittel, um dem Vaterland beizustehen, nach Frankreich gesandt.

Irland ist mit England einig, und schickt vom Norden und Süden seine Soldaten, die mit Begeisterung neben ihren englischen Kameraden kaempfen.

Der Kaiser und die preussische Kriegspartei haben diesen Krieg gegen alle Interessen des Vaterlands gewollt. In Geheimen hatten sie sich auf diesen Krieg vorbereitet. Deutschland allein war kriegsbereit, worauf die vorübergehenden Erfolge zurückzuführen sind. Jetzt ist es gelungen dem siegreichen Vormarsch Einhalt zu tun. Unterstütz von den Sympathien der ganzen Kulturwelt, welche mit Abscheu einen mutwilligen Eroberungskrieg betrachtet, wird Grossbritannien, Frankreich, Russland, Belgien, Serbien, Montenegro und Japan den Krieg so lange durchführen, bis sie ihre Ende erreicht haben.

Diese Tatsachen bringen wir zur allgemeinen Kenntniss, um die von Euch verborgene Wahrheit ans Licht zù bringen. Ihr kaempft nicht um Euer Vaterland zu verteidigen, da es keinem Menschen eingefallen ist, Deutschland anzugreifen. Ihr kaempft um die ehrgeizige Kriegslust der Militaerpartei auf Kosten der wahren Interessen des Vaterlands zu befriedigen. Dieser ganze Klimbim ist eine Gemeinheit.

Auf den ersten Blick werden Euch diese Tatsachen unwahrscheinlich vorkommen. Jetzt aber ist es an Euch die Ereignisse der letzten Wochen mit der von den Militaerbehorden fabrizierten Nachrichten zu vergleichen.

DIE RUSSEN ERRANGEN AM 4 OKTOBER EINEN GEWALTIGEN SIEG ÜBER

『ベカントマッフンク』（『クルーハウスの秘密』より）

この『ベカントマッフンク』について、一九二〇年にできた『クルーハウスの秘密』（原本の五一ページ）には、次のように書かれている。

「一九一四年十月に英国陸軍で観察将校 Eye witness として活躍していたスウィントン中佐（現在は少将）は、宣伝用リーフレット〔写真参照〕を作成した。この作成にあたっては、ノースクリフ卿がパリの対敵宣伝出先機関を利用させたので、多数のリーフレットができ、それを飛行機でドイツ軍の頭上からまいた。ところが連合軍の首脳は、この計画にちっとも熱意を示さなかったので、スウィントン中佐はこの計画を継続することができなくなった」

彼は諜報将校なのだが、当時の役名の「アイ・ウィットネス」（「観察将校」としておく）とは、軍隊ではあまり聞かないしゃれた名であるから、これも発明家スウィントン中佐の創作ではないかと私は思っている。彼は一九三二年に *Eye Witness* という本を自分で書いている。

このときの戦況はドイツ軍が大挙してベルギーからフランスに侵入してきたところで、イギリスとフランスの軍部は、これを止めるための防戦で必死になっていた。しかしスウィントン中佐の頭は冴えている。そういう時期であったにもかかわらず、この『ベカントマッフンク』は、そのころフランスやドイツが空から散布した対敵感情まるだしのリーフレットとはまるでちがったもので、まことに落ち着いていて、「西部戦線のドイツ兵は東部戦線やバルカン戦線のことは知らされていないでしょうから、正確に教えてあげましょう」といった論法で、すこし事実を書き変えて印刷してある。しかも規則ずきで権力に弱いドイツ人の性格をよく知っていて、「公報」という形をとっているのも卓見である。まず、戦争で興奮している敵国民の感情を沈静させることが、こちらの謀略宣伝を受け入れさせる素地として大切であるということを、彼はすでによく知っていたのである。

いずれにしても、大戦争の初めでまだ戦争責任論と残虐宣伝に各国の宣伝屋が憂き身をやつしているこの時期に、敵軍の将兵だけに焦点をしぼって冷静な態度でリーフレット宣伝をおこなったことは、まことに異色であって、あとから考えてみると、この『ベカントマッフンク』はイギリスの謀略宣伝のなかのリーフレット宣伝の起原となるものである。いわば、彼がリーフレット宣伝派の開祖である。それゆえ私は、後のスウィントン少将が、ほんとうの謀略宣伝文を空から散布した発明者であるといってはばからない。

ところが緒戦のころには、連合軍側でもドイツ側でも、新しくできた飛行機によるリーフレットの空中からの散布は戦争手段として許されるかどうかという、いまから考えればまことにばかげた議論がさかんにおこなわれていた。それは、一九〇七年のハーグ陸戦条約付属の陸戦規則第二十二条に「交戦者は、害敵手段の選択につき、無制限の権利をもつものではない」とあるから、扇動的なビラの散布というような卑怯未練な手段は騎士道から見て許さるべきではないというのである。それで連合軍司令部は、一九一五年二月ごろ、「『ベカントマッフンク』の散布を中止せよ」と、スウィントン中佐に命令した。

『クルーハウスの秘密』の付録に『ベカントマッフンク』の英訳が掲載されている。

次にイギリスが一九一五、六年にかけておこなった戦時宣伝のハイライトは、ドイツ軍によるイギリス人看護婦エディス・キャヴェル Cavel, Edith 惨殺事件である。この事件は、『是でも武士か』のなかで詳細に報告されている。イギリス人の看護婦であるエディス・キャヴェルは、若いときブリュッセル市の看護婦学校にいたので、ベルギーと縁故ができ、一九〇六年にブリュッセル看護婦学校の校長になった婦人である。大戦勃発のときには、母親とイギリスの自宅にいたのだが、ドイツ軍のベルギー侵入により多数の死傷者が出たので、その負傷者を救護するという使命を感じ、「私の任務はベルギーにある」といって、すぐブリュッセルに行って、ある大病院の総婦長としてドイツ軍の占領下のベルギーで活躍することになった。

彼女は、到着と同時に占領下のブリュッセル市地方のフォン・ルトウィッチ知事を訪問し、赤十字の精神にしたがって、いかなる国旗のもとで戦ったかは問わず、平等に負傷兵を救護する旨を伝えた。これに対してフォン・ルトウィッチ知事は、ベルギー兵とフランス兵とは囚人であるから、看護婦たちは彼らを救護するときに患者に対して看守として働くことを正式に決めるように要求した。これに対してエディス・キャヴェルは、「われわれは、救護が任務で、看守は任務外だからできません」とはっきり拒絶した。

その後、しばらくして、一九一五年八月五日、エディス・キャヴェル婦長は、突然、逮捕された。ドイツ側は、このことを秘密にしていたので、連合国側は何も知らず、イギリスの権益代表であるブリュッセルのアメリカ公使館がこれを知ったのは、約一か月しておこなわれた第二回の審問が開かれたときであった。彼女の罪状は、数人のベルギー兵とフランス兵とをオランダに逃したことで、ドイツ側の主張によれば、彼女自身もそれを認めたということであるが、彼女と連絡をとろうとするアメリカ公使館のあらゆる努力が拒否されたので、ついに彼女に事実か否かを確かめることはできなかったということであった。

このようにして一九一五年十月十一日にドイツ軍の軍事裁判で銃殺刑の判決があり、その九時間後の翌十二日午前二時、ブリュッセル市の郊外でエディス・キャヴェル婦長は銃殺されたと、ドイツ側から通告してきた。それでアメリカ公使館は、次の事実を公表した。

一、彼女が獄中に二か月いたのに、ドイツ軍は極力この事件を隠そうとした。
二、イギリスの権益代表国であるアメリカ合衆国の公使の面会申込みを無視した。
三、同公使の「弁護士をつけたい」という申請を拒絶した。
四、ドイツ側は、ベルギーに帰化したドイツ人を官選弁護人にしたが、彼さえも一度も本人に会わせなかった。
五、キャヴェル嬢の罪状をアメリカ公使館に通知すると約束したが、処刑がすむまで通知しなかった。
六、結局、銃殺前に彼女に面会したのは一人の僧侶だけであった。この僧侶は、「女史は何らの恐怖もまた畏縮もなく、かつだれをも恨まず、英雄のように従容として死についた」と証言している。

イギリスの宣伝屋は、この事件に飛びついて、エディス・キャヴェル嬢（イギリスの宣伝ではMissとなっている）が、イギリスの自宅の庭の芝生の上で椅子に腰かけてボルゾイ種の愛犬の頭に手をやっている一枚の写真を、全世界にばらまいた。写真を一種に限定したところが、宣伝として優れている。そして、次のように宣伝した。
一、負傷兵を敵味方の区別なく看護した天使のような婦人を、ドイツ軍は銃殺した。
二、動物を愛する心のやさしい婦人を、ドイツ軍は惨殺した（写真に語らせている）。

三、なぜ彼女の逮捕を秘密にしなければならなかったのか。
四、ドイツ側の事後の通知によると、軍事裁判の判決は十一日の午後五時で、そのわずか九時間後に死刑が執行された。なぜ、そんなに急いで殺さなければならなかったのか。
五、一九〇七年のハーグ陸戦条約付属の陸戦規則第二十三条には「敵国国民の権利及び訴訟権の消滅、停止、または裁判上不受理を宣言することを禁ず」とある。この民事裁判をうける権利を否認して、看護婦を軍事裁判にかけるとは何事か。
六、エディス・キャヴェルがフランス兵とベルギー兵の逃亡の手引きをしたことを認めたというのは、本当か。それなら、なぜ彼女をアメリカの公使に会わせなかったのか。
七、「連合軍の負傷兵は囚人であるから、看護婦は逃げないように監視しろ」というドイツ側の命令を、彼女が「職務外だ」といって拒否したので、それをドイツ軍への反抗として殺したのではなかったのか。

なにしろ、看護婦を軍事裁判にかけて銃殺したのだから、当時としてはまことにショッキングな大事件だったのである。日本でも、彼女の写真が新聞・雑誌等に載っていたことを、当時、小学五年生だった私はよく憶えている。このようにして、看護婦エディス・キャヴェルの名を、ドイツ軍の残虐とともに、全世界の人が知るようにしてしまったのである。

つづいてイギリスが一九一七年におこなった戦時宣伝のハイライトは、『リヒノウスキー侯爵の回想録』である。リヒノウスキー侯爵 Lichnowsky, Fürst von Max（一八六〇〜一九二八）は、第一次世界大戦がはじまるまでの二年余り、ロンドンに駐在したドイツ帝国の大使であった人である。それゆえ、戦争勃発までの両国の交渉経過を全部知っている。そしてリヒノウスキー侯爵は平和主義者であったから、イギリス・ドイツ間に戦争が起きないようにあらゆる努力をしてきたのだが、ドイツ帝国政府が戦争になるように外交をすすめ、とうとう戦争になってしまったことに、はなはだ不満だったのである。

それで彼は帰国して、一九一六年の夏、クヘルナ Kuchelna（いまはポーランド領シレジア地方の山地にある村、カトウィッェ市の西南七〇キロ）の自分の別荘で自分だけの心憶えとしてこの回想録を書き、*Meine Londoner Mission, 1912~1914* と表題をつけて、これを、彼はイギリスとの和解を考えている政治上の友人二、三人、なかんずく国立銀行総裁兼枢密顧問官ウィッチンクに内々で与えた。ウィッチンクは、その記録をベルフェルデ大尉に見せたので、この信仰深い平和主義の青年将校はこれを五〇部印刷した。これが平和主義者たちに渡されたが、だんだん流通の輪がひろがっていって、ついに社会主義者の手に落ち、『戦争に対するドイツ政府の責任』という表題でスウェーデンやデンマークの社会主義者に送られた。

そしてこの回想録は、一九一七年三月十五日にロンドンの『新しいヨーロッパ』（週刊誌か）に公表され、つづいて同年四月七日の『ニューヨーク・タイムズ』に掲載された。その報道された内容の要点は次のようである。

一、イギリス政府は戦争を避けようとしたが、ドイツ政府は戦争をしようとした。

二、その証拠として、彼のドイツ帝国のヤーゴ外務大臣との往復文書を引用している。

三、そして、戦前数年間の軍国主義的なドイツの政策を鋭く批判している。

四、「彼は平和愛好者の証人として出現した」と報道された。

イギリスの宣伝屋は、この回想録を大々的に印刷して、イギリス国内はもちろんのこと、ドイツ戦線はじめ全世界にばらまいた。一九一八年五月に宣伝大臣ビーヴァブルック卿 Rt. Hon. Lord Beaverbrook は、「その印刷部数は四〇〇万部以上である」と議会に報告している。実物は見ていないが、私の推察では、そのまま印刷したのではなく、イギリス宣伝屋の常套手段である、宣伝目的に合わせての一部書き替えをしたものだと思う。というのは、次のことばはリヒノウスキー侯爵が書いたことになっているが、いくらなんでも、彼はこんなことは書かなかったと思うからである。

「ドイツにおいては生ある者が未だ死者に依り支配されて居る。最も崇高な敵の戦争目的すなわちドイツ国の民主々義化と云うことは実現するであろう」(『武器に依らざる世界大戦』一四五ページ)

イギリスの宣伝者は、これは戦争責任の問題であって、純粋な対敵宣伝にはなっていないことは知っていたと思う。しかし、開戦までの経過をだれよりもよく知っている、ロンドン駐在の元ドイツ大使の書いた超一流の資料なのだから、これだけは大々的に散布したほうがよいと判断したのではなかろうか。それゆえ、イギリス国内の工場にも広く散布して、イギリス国民の志気昂揚に大いに利用した。

この事件でリヒノウスキー侯爵は裁判をうけたが、この回想録を公表したことを「前代未聞の信頼の裏切りである」と主張したので、公表の意志がなかったことが認められて無罪になり、またベルフェルデ大尉その他の関係者も無罪になった。しかし、ひとたび獲物を見つけて食いついたら、イギリスのすっぽん宣伝屋たちは離しはしない。だから、宣伝無知のドイツ人などは、こてんこてんにやっつけられて、さんざんな目に会うのである。

西部戦線の膠着が約四年つづいた一九一八年の二月にできた、イギリスの対敵宣伝本部であるクルーハウスの宣伝家たちは、宣伝決戦の時期が来たことを知った。そして委員長のノースクリフ卿の努力によって連合軍総司令部も飛行機によるリーフレットの散布禁止を解除したので、リーフレット投下の一大作戦を開始した。これによってドイツ軍は崩壊するのであるが、その最後の六か月間にドイツ軍の前線と後方に飛行機と気球で投下したイギリス製リーフレットの枚数は、『クルーハウスの秘密』によると一八三〇万枚で、その月別内訳は次のようである。

六月　一、六八九、四五七枚
七月　二、一七二、七九四枚
八月　三、九五八、一一六枚
九月　三、七一五、〇〇〇枚
十月　五、三六〇、〇〇〇枚
十一月　一、四〇〇、〇〇〇枚（ただし同月十一日まで）

その内容はどんなものであったか。『武器に依らざる世界大戦』の最後にその例が二つ載っている。これらのリーフレットは、日本で「宣伝ビラ」あるいは「伝単」といっているものとは少し趣がちがって、比較的に長い文章であるから、スウィントン中佐の考案した『ベカントマッフンク』の流れを汲むもので、日本語でいえば「文書宣伝ビラ」とでもいうのが正しいと思う。その例は次のようである。

宣伝リーフレット一　一九一八年春　軽気球によって投下のイギリスのビラ（ドイツ語）

「西部戦線に進軍する将士に告ぐ

汝はなお生存している。それは正に奇跡である。現在生存しているものはすべて奇跡である。緑の草もそして鳥すらも！　死人、岩石および土地、それ自身だけでは彼らは無である。けだし彼らには生命がないからである。……将士よ、汝は西部戦線に進軍するのか、あるいはまたパリーに向かって行進するか、将士よ、汝は西部戦線に何が存在するかを知るや。……それは汝の墓である。……将士よそれでも西部に向かって進撃するのか、しからばわれわれは汝に告別の辞をつげよう。生命をもつものはすべて汝に『さよなら』をいう。……汝のカイザー〔皇帝〕は汝の背後にいる生存者の一人である。彼はヒンデンブルクに彼の鉄の十字勲章を与えた。ルーデンドルフはまた同一勲章の大十字架勲章を得た。彼らは勝利あったゆえに幸運である。しかし、汝は、汝の墓場をもとめて西部戦線に進軍するのである。……将士よ『さよなら』。今日では汝は、われらの仲間の一人であり男、女および現に生きているあらゆる物と共に。しかし汝は木石およびあらゆる死物の主である。

明日、汝は西部戦線を目ざして進軍す。／将士よ、いざさらば／汝はわれわれの声を聞かぬか、／いざさらば」(一九一八年四月九日以降発見、最初は約五万枚)
宣伝リーフレット二　一九一八年秋　フランスの投下ビラ(ドイツ語、イギリス製にちがいない)

「ウィルヘルム、二十四時間後に戦場に立つ。

ウィルヘルム二世(皇帝)は、攻撃後、二十四時間後に戦場に立っていた。かく、少なくとも新聞は報じていた。汝らドイツの戦友は、この報告に包含されている嘲笑および残酷なる皮肉を理解するや、而して汝らドイツの婦人たちは、この報告を深く銘記すべきである。『攻撃後二十四時間にして戦場に立つ』。汝ら戦友の各々は、その剣帯に『神と共に、国王および祖国のために』との格言を付けているがわれわれは神の名前を除外したい。けだし、真に愛すべき神は、この悲惨な大衆の戦争には何ら関係しないからである。実際この格言は『国王および祖国のために』あるいはいっそうよく言えば、『カイザーおよびその大妄想の世界帝国のために』という。さてこの格言の中にあってカイザーは第一に置かれ、祖国は第二位に置かる。而して私は汝ら、ドイツの国民に一つの問題を提出する。すなわち、なにゆえわがウィルヘルムは少なくともその四十八時間前に、戦場に達しなかったのか。……しかし、ドイツの戦友よ、今や最後によい忠告を与えよう。物を回転せしめ而してこの残酷な皇帝をその一族と共に二十四時間以前に戦場に引っ張りだせ、而して汝らは、戦友よ、戦闘の二十四時間後に戦場に来い」

イギリスが、対敵宣伝ではないが、一九一八年春ごろに世界に向けて宣伝して世界の人を身ぶるいさせた死体製油工場 Kadaverwerk の話がある。ドイツは窮乏して、人間の死体を搾って油をとり、シャボンを作っている、というのである。これが、平時であれば、「ばかをいうな」と一言で否定されるであろうが、この場合はそうではない。四年間の戦線の膠着で、何ともいいようのない重苦しい空気がヨーロッパ人の心を支配していたし、ドイツ人の国民生活もこの一大消耗戦のために極端に疲弊し、絶望的になってきたときであった。

クルーハウスの謀略派宣伝家たちは、例外的にはこのように、ニュースなどぜんぜんないのに、全部創作するようなこともするのである。よく考えてみると、この死体製油工場の話は、じつによくできている。

一、これは、戦時としても、特別にショッキングな話である。

二、ドイツのひどい窮乏を浮彫りにしている。

三、ドイツ人の残虐性を強く宣伝している。

四、化学の得意なドイツ人なら、実行可能なように思えることである。
五、毎日シャボンを使うと、だれでも思い出すように仕組まれている。
六、これは国内向け、連合国向け、中立国向け、敵国向けの全部に適している。
七、ドイツ側では、工場をすべて見せるわけにもいかないから、否定する方法がない。
それゆえ、結論的にはいわれっぱなしであった。これは、当時の日本でも報道され噂がひろまったから、私たち中学一、二年だった者はだれでも記憶している話である。見ようによっては、イギリスが「この戦争には勝ちました」という勝利宣言のようでもある。

これは、「真実らしい嘘は真実よりも聞く人の心を捕える効果があるときがある」という虚偽法のよい例である。しかしアメリカ人のシドニー・ロジャーソン Rogerson, Sidney は一九三八年に書いた『次期戦争と宣伝』(「情報宣伝研究資料」第十二輯)で、この死体製油工場の話にふれて、こういう虚偽宣伝はだめだと非難している。そして、「真実を述べよ。ただし、これに汝の解釈をあたえよ。何よりもまず、役に立つとしても絶対に虚言を吐いてはならぬ。さもないと、虚偽の烙印を押されて、宣伝家としての命数は尽きてしまうがゆえである」と教えている。これは、報道を重視した、いかにもアメリカ人らしい宣伝の理解である。だから私は、当時、これを読んで、アメリカの宣伝者は報道派であって、イギリス流の謀略家の極意は理解できないのだなと思った。

『ベカントマッフンク』の考案者であるスウィントン少将 Swinton, Major General, Sir Ernest（一八六八〜一九五一）は、私が一九三二（昭和七）年秋から約三年間オックスフォードに住んでいたとき、オックスフォード大学の教授 Professor of Military History, Fellow of All Souls College（一九二五〜三九）で戦史の講義をされていた。しかも、偶然に、同じ通りの歩いて五、六分のところに住んでいたので（No. 300 Woodstock Road, Oxford）、十数回もお茶に招いていただいた。当時、六十四、五歳であったスウィントンさんは、知識のひろいユーモアに富んだ、頭の回転の早いイギリス紳士で、面白い話をたくさんされた。

ことに、タンクを発明されたときの話は、たびたびお聞きした。たとえば、人が持って走ることのできないような重いスーツケースにタンクの設計図を入れて持ち歩いたのだが、駅の赤帽がその重さに驚いて、死体が入れてあると思いこみ、背広姿のスウィントンさんを殺人犯人と疑い、じろじろ見ていたが、スウィントンさんは人殺しなどしたおぼえがないから、すまして横を向いていたという話。タンク製作の打合せのために、ドイツのUボートの群がる大西洋を危険をおかして商船でアメリカに往復した話。また、イギリスでは、ドイツ人の俘虜もタンクの製作にあたっていたので、白いペンキでロシア字を書き、ロシアで使う雪かき車だと騙した話。そして、軍の上層部に、「これはちょっとした思いつきだから、一〇〇台できるまでは絶対に使用しないでくれ」と頼んでおいたのに、一九一六年九月十五日のベルダン掩護のためのソンムの会戦で四八台で使用したので、思ったほどの効果がなく、秘密がばれてしまったという話などは、よほど残念だったとみえ、繰り返しお聞きした。

こんなわけで私は、スウィントンさんがタンクの発明者だということはよく知っていたが、対敵宣伝の先駆者であるということは、オックスフォードにいるあいだはちっとも知らなかった。それであるから、戦争になって外務省のラジオ室で『クルーハウスの秘密』の日本訳である『英国の宣伝秘密本部』を読んで、スウィントンさんが開戦後二か月にしていち早く『ベカントマッフンク』というドイツ語の新聞形式のものをつくって、飛行機でドイツ兵の頭上からまいたということを知り、びっくりした。

スウィントンさん（自画像の人）
から私に贈られた本

スウィントンさんは、私に、「タンクなどは、だれでも思いつく簡単なことなのだよ」と、たびたびいわれた。私は、当時、これを謙遜のことばと受け取っていたが、スウィントンさんの対敵宣伝発明を知ってから考えてみると、あれは謙遜のことばではなく、「私は、もっと知能的な重要な発明をしたんだよ」といわれていたように思えてならなかった。私は、そのとき、ああスウィントンさんにお会いしたい、お会いして宣伝のお話を聞きたいと思ったのであるが、そのときの敵国イギリスに連絡をとる方法があるはずもなかった。

スウィントンさんとお別れしてから三十年たって、一九六六年の夏休みに、そのころ私が住んでいた西ドイツのデュッセルドルフから自動車を運転して家族を連れてイギリスにわたり、オックスフォードに行って、若い日に三年住んでいたアパートを見てから、スウィントンさんのお家をのぞいていると、美人のおばさん（Elsie 夫人）が出てきて、「何んだ？　何んだ？」といわれる。私は恐縮して、「お家をのぞいたりして、申しわけありませんが、ここには三十年前にスウィントンさんが住んでおられ、たびたびお茶に招かれたので、懐しく、ついのぞいたのです」と、あやまった。その婦人は、「なに？　スウィントンを知っているって？　それなら、お入り」といわれ、そして次のように話された。

2015
7
中公文庫　新刊案内

警察小説の超新星・沢村鐵が放つ
待望の新シリーズ、開幕！

クランⅠ

警視庁捜査一課・晴山旭の密命

沢村鐵

渋谷で警察関係者の遺体を発見。
虚偽の検死を行う
美人検視官の目的とは――

目を背けるな。
これこそが、警察だ。

●680円

える

戦後70年

中公文庫既刊より

マッカーサー大戦回顧録
ダグラス・マッカーサー

ハル回顧録
コーデル・ハル

吉田茂とその時代（上・下）
ジョン・ダワー

回想十年（上・中・下）
吉田 茂

回顧七十年
斎藤隆夫

岡田啓介回顧録
岡田啓介

外交五十年
幣原喜重郎

占領秘録
住本利男

沖縄決戦 高級参謀の手記
八原博通

上海時代（上・下）
ジャーナリストの回想
松本重治

海軍戦略家キングと太平洋戦争
谷光太郎

海軍随筆
獅子文六

大東亜戦争肯定論
林 房雄

新編 特攻体験と戦後
島尾敏雄＋吉田 満

はだしのゲン（全7巻）
中沢啓治

私はフランス人だ。私の亡くなった主人はニューカム大佐Newcomb, Colonel Stewart Francis（一八七八〜一九五六）で、アラビアのロレンスLawrence, Thomas Edward（一八八八〜一九三五）とはスウィントンの兄弟弟子だ。私の主人が兄弟子で、イギリスにいて計画・指導をし、ロレンスが弟弟子で、アラビアで活躍したのだ。そのことはみんな『知恵の七柱』*Seven Pillars of Wisdom* という本に書いてあるとのことである云々。

この三人は、それぞれ年齢が一〇歳ちがうが、これがみんなイギリス陸軍の諜報一家の人なのである。種を明かせば、みんな裏でつながっているので、驚いた次第である。

この一家の活動は、まだある。あとで詳細に述べるが、太平洋戦争のときイギリスは『軍陣新聞』という日本語のタブロイド判の週刊新聞をニューデリーで印刷して、ビルマ戦線にまいた。これの形式や編集方針が『ベカントマッフンク』とそっくりなのである。

これを見て私は、ほんとうにイギリス人はしつこいぞ、と思った。あとで知るのであるが、スウィントンさんは第二次大戦のときはまだ生きておられたのだから、この『軍陣新聞』もスウィントンさんが相談をうけ、諜報一家の若い現役将校が作っていたにちがいないと私は思った。

スウィントンさんのことばによれば、「タンクはちょっとした思いつき」だそうであるが、それなら、なぜ他の人が思いつかなかったかということが問題である。それは、一見、何でもないように思える発明でも、天才的な超一流の人が苦心惨憺したあげくの結晶として生まれるものなのである。スウィントン少将は、タンクとリーフレット宣伝の発明という、いまも残る二つのアイディアを、その頭から搾り出したのであった。

第三章　対敵宣伝の教科書

ラジオ室で第一次世界大戦の宣伝戦についての本を買い集めているうちに、私は、一つ変なことに気づいた。それは、ドイツ人の書いた本が圧倒的に多く、わずかながらアメリカ人の書いたものもあるが、イギリス人の著書は『是でも武士か』と『クルーハウスの秘密』のほかにはなく、フランス人作のものはぜんぜん見あたらないということである。

このことを端的に表わしているのが、しばしば引用する内閣情報部翻訳の「情報宣伝研究資料」全一五冊である。これは散逸してしまって、いま手もとに残っているのは次の七冊だけである。

第一輯『大戦間に於ける仏国の対独宣伝』ゲオルク・フーベル
第二輯『大戦間独逸の諜報及宣伝』ニコライ中佐
第三輯『武器に依らざる世界大戦』ハンス・ティンメ

第四輯『世界大戦と宣伝』ヘルマン・ヴァンデルシェック
第十一輯『宣伝の心理と技術』レオナード・W・ドーブ
第十二輯『次期戦争と宣伝』シドニー・ロジャーソン
第十五輯『戦争か平和か』オットー・クリーク

以上のうち、ドーブとロジャーソンという二人のアメリカ人の著書以外は、すべてドイツ人による著作である。それらの表題はりっぱだし、部厚い本なのであるが、驚いたことに、ハンス・ティンメの著書を除いては、ほとんど宣伝実例というものが書かれていない。

当時は戦争中で、私は、呑気に本など読んでいる場合ではなかったから、これらの一五冊のなかから『武器に依らざる世界大戦』だけを教科書に採用して、その他の本はぱらぱらと見る程度にした。

『武器に依らざる世界大戦』ハンス・ティンメ著 *Weltkrieg ohne Waffen: Die Propaganda der Westmächte gegen Deutchland, ihre Wirkung und ihre Abwehr* von Hans Thimme, Cotta Stuttgart, 1932

私は、ハンス・ティンメがどういう人であるか知らない。ただ、他のドイツ人の著者とはちがって、組織を説明したり物事を科学的に分析したりするだけではなく、もっと視野の広い立場からいろいろの宣伝内容を生のまま提供して、読者にその相違を悟らせるようにしているところが抜群である。もし彼の宣伝実例の記録がなかったならば、第一次世界大戦の各国の宣伝がどんなものであったか、私はほとんど知らずに終わったであろう。

第二章に紹介した一〇ばかりの宣伝実例は、二つの例外を除いてすべてハンス・ティンメのこの本から引いたものである。その例外とは、一つは「エディス・キャヴェル惨殺」の話で、これは『是でも武士か』から、そしてもう一つは『ベカントマッフンク』の話で、これは『クルーハウスの秘密』からの借用である。また、私はあまり紹介しなかったが、ハンス・ティンメは各国の宣伝組織の戦時中の変遷についても要領よく説明している。

しかし、戦後の後始末のようにこんなにたくさん戦時宣伝の本を書いたドイツ人が、戦争中には、敵に向かって適切な対敵宣伝がぜんぜんできなかったということは、私には長いあいだ不思議でならなかった。そして、対敵宣伝とは、よほどドイツ人の性格に合わない仕事であるにちがいないと思っていた。いずれにしても、このハンス・ティンメの本は、戦時宣伝者の必読すべき教科書である。それがあまりに有用なので、私はとなりに坐っていた樺山君に、「ドイツ人は、ナチスになっても国内宣伝だけで、対敵宣伝をすることはからっきし下手だけれども、対敵宣伝の本を書くことだけは上手なんだな」というと、樺山君も笑った。

『是でも武士か』 ロバートソン・スコット著 *The Ignoble Warrior: A Collection of Facts for the Study of the Origin and Conduct of the War* by J. W. Robertson Scott, with 38 cartoons by Louis Raemakers, in English and Japanese, Maruzen & Co. Ltd., 1916

これは、大正五年十二月に丸善株式会社で発行された、風変りな本である。同じ内容が英文と日本文とで書かれていて、左開きで一五六ページまでが英文、右開きで二三一ページまでが日本文になっているから、それぞれの終りは本の中央なのだ。すなわち、日英両国語の合冊本である。この特別な形式も優れているが、その宣伝内容も、他に比較するもののないほど斬新かつ強烈で、残虐宣伝 Atrocity campaign の教科書ともいうべきものである。この本の目的は、ドイツ人は条約を守らない侵略者で、そのうえ残虐きわまりない人たちだということを、日本人に強く印象づけようとしたもので、イギリスの宣伝秘密本部が日本を狙って撃ち込んできた、恐るべき宣伝弾丸である。

この本には訳者の名が書いてない。昭和五十二年に日本放送協会から出版されたロナルド・A・モース著『近代化への挑戦、柳田国男の遺産』（岡田陽一・山野博史訳）にはその「翻訳者は柳田国男氏である」ことが詳細に述べられている。それによると、著者のJ・W・ロバートソン・スコット（一八六六〜一九六二）は、自由主義者で農政専門の新聞記者だと名乗っていて、日本にいたのは一九一四年から約五年間で、柳田国男さんと親交のあった人だそうである。ロバートソン・スコットがどういう目的で戦時中にだけ日本に来ていたのか、そのわけは同書には書いてないが、彼が確実な資料をもっていたことと、謀略宣伝としてのこの本の出来ばえから見て、彼がイギリスの宣伝秘密本部から派遣された宣伝工作員であったことには間違いない。

『是でも武士か』は三万五〇〇〇部売れたとのことである。いずれにしても、この本から私が戦時宣伝について学んだことは多々ある。

『是でも武士か』

この本の初めを開いて見ると、読者を神秘の世界にみちびこうとする意図が読みとれる。まず右開きの本扉を見ると、いきなり「『日本、英国及世界』、『土地問題』、『自由国に於ける自由農民』等の著者、ジエー、ダブリユー、ロバートソン、スコット著」とあって、翻訳者の名はない。そして、題名をはさんで、「欧州戦争の原因及び行動に関する研究資料の集録／ルイス、レーメーカー筆風刺画三十八図及挿画、復写図並に書簡写真版等二十四図挿入」とある。そして「東京、大阪、京都、福岡、仙台、丸善株式会社」と書いて、読者の信用を得ようとしている。それにつづく扉には「予が死せる友又た生ける友に」と題する次のような詩がある。

戦争は深く之を憎むとも
文明の道のためには
潔く
一命を捨てゝ顧みざる
若き人々の
光栄ある紀念として
此書を捧ぐ
英国の歴史文学又た其国民の
特性を識るによりて

英国人を憤起せしめたる
動機を
了解する
予が日本の友人のために
此書を捧ぐ

この『日本、英国及世界』などという本は、聞いたこともないから、おそらく嘘であろう。そしてこの詩で、「戦争」「文明」「一命」「光栄」「英国人」「動機」「日本の友人」などという、断片的なことばをならべて、相手を煙にまいている。このように、いろいろ嘘とも本当ともわからないことをごちゃまぜに出してくるのが神秘法で、イギリス流宣伝の極意の一つである。これは、柔道で技を仕掛けるまえの動きが大切であるように、宣伝の相手をひっかけるまえの予備行動なのである。

平時は報道がゆきとどいているから、神秘法はあまり有効ではないが、戦争中はだれでも報道におびえている。というのは、だれでも真実はたまらなく知りたいのだが、しかし悪いニュースを聞くことが恐ろしいからである。風声鶴唳《かくれい》に驚くとは、この戦時の民衆の気持である。イギリスの宣伝者は、それが宣伝を聞く相手の心の動きだということをよく見つめている。

驚いたことに、イギリスの宣伝者はいつも相手のいちばん強力なところを狙って宣伝を挑んでくる。イギリス人の考えでは、武力戦でも敵の最も堅固な城を落とさなければ、勝ったことにはならない。対敵宣伝の場合も、敵の最も強い信念をたたき潰さなければだめだというのである。それゆえイギリスの宣伝者は、常識ではとても崩すことはできまいと人びとが諦めている、相手の長所に向かって、敢然と宣伝を仕掛けてくる。

この『是でも武士か』はまさにその強力点攻撃の見本である。その狙いは何か。それは、日本人のもつ親ドイツ感情を叩きつぶしにかかって来たのである。そのとき日本は、イギリスの敵ではなかったのだが、日本の学者や医者のなかには親ドイツの人がたくさんいるし、また科学者のなかにもドイツ崇拝者が多い。また、日本陸軍の軍人の大部分はドイツ贔屓である。それは、明治維新の直後に普仏戦争でプロイセンがフランスに勝ったので、強いほうの方式がよかろうというので、フランス式はやめて一から十までドイツ式を採用したからである。イギリスの宣伝者は、この日本陸軍軍人のドイツ崇拝思想を、この一冊の本でぶち壊してしまおうと考えたのだから、恐れ入る。この本の気宇はまことに雄大で、発想は奇想天外で、そして残虐攻撃は強烈である。

彼らの考えた論法は、日本人は武士道の精神をもっているが、ドイツ人は武士ではない、ということを証明するために、たくさんの証拠の事実を提供している。それで、表題が『是でも武士か』という問いかけになっているのである。そして次のように議論を展開している。

一、ベルギーの中立を犯して大軍で侵入した。これでも武士か。
二、ベルギー市民を虐殺した。これでも武士か。
三、ベルギーの婦人に乱暴した。これでも武士か。
四、Uボートで客船を沈めた。これでも武士か。
五、陸戦条約を各所で破った。これでも武士か。

こういうふうに、論法が一つずつ表題にもどってくるのである。そして、日本人の武士道と大和魂を称揚している。

一、日本刀の話を持ち出している。
二、「英国人の武士道」という項目で、英国魂と大和魂を論じている。

この質問法が、イギリス宣伝の一大特長で、宣伝者は質問を出し、結論は相手に考えさせる、という原理をよく守っている。

この『是でも武士か』は、残虐宣伝の本である。イギリスのクルーハウスの優れた宣伝家たちが精魂こめてつくった本であるから、戦時の残虐宣伝の不朽の名著であるとい

「弁明」「『構わないよ若し僕がやらなければ誰かがやるに極まって居るよ』、独逸は若し独逸が白耳義に侵入せざりしならば仏蘭西が之をなせるならんという不法の言い掛りを為し居れり」

うことができる。なにしろ、ドイツ将兵の残虐行為が全巻に満ち満ちているので、一つ一つ説明しているわけにもいかないが、ただ一つ特筆大書しなければならないのは、レーメーカーズ Raemakers, Louis という画家によるドイツ人の残虐行為の三八枚の挿絵である。

このレーメーカーズについては、次のように紹介している。

「ラーマーカーは欧州大乱の産みたる殊に傑出したる美術家である。白耳義《ベルギー》に加えたる独逸の暴行を世に知らしむるが為めにその全技能を捧げた。しかしこの人は白耳義人ではない。和蘭《オランダ》人を父として、和蘭に生まれた。……また、母は独逸人であった」

このように、彼が親ベルギーでないことを読者に印象づけようとしている。

このレーメーカーズの絵は、敵の残虐行為を宣伝する絵のうちで最もショッキングなものである。この絵を見た者はだれでも、ドイツ人は残忍な人間だという強烈な印象をうけないではいられない。また、この本を知っている人はだれでも、『是でも武士か』と聞けばすぐこの絵の何枚かを思い出す。このレーメーカーズの絵の説明文を少し引用すると、次のようである。

「ルシタニヤの小児」

絵　ドイツ水兵が、潜水艦Uボートのハッチを開けて、沈みつつある客船を見ている。

文「軍艦よりも寧ろ客船を沈める方が余程楽ですね。向うから発砲しませんから」

絵　二十人ぐらいの小児の死骸が床の上に並べてあり、ある一組の両親がその中央で抱き合って泣いている。

文「ルシタニヤの小児。独逸潜航艇の為に撃沈されたる汽船ルシタニヤ号より収容せる小児等の死体」

絵　婦人を含むベルギー人の群が、進軍するドイツ軍の前を歩かされている。

文「ドイツ軍の楯として用いられたる白耳義

人」

絵　若い妻がテーブルの上に泣き伏している。姑がそばに立って彼女を慰め、小さな子供は祖母にすがりついている。

文「或る白耳義の家庭。夫は殺され妻は辱しめられたり」

絵　ドイツ軍が戦死者の衣服を剝ぎとり、死体を四個ずつ一束にしばって運搬するところ。

文「大砲の食物」

絵　大きな悪魔が岩に腰かけ、片手を顎に置いてこちらを見つめている。無数の小さな人間のような兵士のような者が彼の両足のまわりにいる。

文　ドイツ人曰く「戦争は単に国家の生命に必要なる要素なるのみならずクルツール〔ドイツ文化〕に欠くべからざる条件なり」

悪魔曰く「余は衷心より此説に賛成するものなり」

じつは、この本は、大正時代から私の父が持っていた。父の書斎の外の暗い廊下の書棚にあったのだが、そのころ中学生であった私は、怖いもの見たさで、ときどき開いてレーメーカーズのひどい絵を見て、ドイツ人はなんて残酷な人間だろうと、この残虐宣伝のとりこになってしまった。イギリスの宣伝屋たちは、なんとも恐ろしい宣伝弾丸を日本に撃ち込んできたものである。この一冊の本で、私のドイツ人観は一生歪められてしまった。というのは、その後、私は、ドイツ人の性格のことを考えるたびに、いつもこの本のことが思い出されて、ドイツ人はあのような人ではないかという疑いが頭のなかを横切るからである。

対敵宣伝では、相手を「嘘つき」といって非難したい場合がしばしばある。それをいえば、相手はやっきになって弁解してくるのだから、それでも悪くはないのだけれども、イギリスの宣伝者は、じつにうまいいい方を発明している。この本の緒言に、「ホエットレー曰く、真理を第一位に置くか第二位に置くかに依りて総ての問題に変化を生ず」と書いてある。これは、「お前は嘘つきだ」と誹謗するのと同じことだが、宣伝文としては天地雲泥の差がある。「第二に置く」とは、うまいことをいったものである。「ホエットレー」には説明がないから、どこのホエットレーか、また彼がほんとうにいったのかどうか、わかったものではない。こういう宣伝の場合には、曖昧でよいのである。

この本では、このあと、ドイツ軍の将兵がベルギーでおこなった残虐非道を徹底的にやっつけている。そしてこれが、その緒言の最初のことばである。これは、まことに冷静な、理性法ともいうべき態度で、宣伝者自身が感情的になっているところが少しもない。そして斬新で、読む人を驚かせる新奇法でもあるし、またイギリス人らしいユーモアも含まれている。私は、このことばを知ってから、人間社会には、真理に限らず、第一に置くべきことを第二に置いている人間がたくさんいることに気づくようになった。

つづいて、緒言の第二に、「独逸に対する我等の態度」というのがある。それは、「他人を貶《けな》すためには、まず褒《ほ》めよ」という宣伝の原則にしたがって、次のように書いてある。

「若し読者の中に此書を読んで、独逸が戦争前幾多の方面に遂げたる進歩を疎んずる結果を来たすようなことが有っては著者は之を甚だ遺憾とする、又た多数独逸陸海軍人の天晴れなる振舞、独逸国民の大多数が国家に払える犠牲と又た其団結力、是等を著者は充分に認めては居らぬであろうと云う誤解を読者から受けるようなことがあっても亦甚だ遺憾である」

いやはや、よくもぬけぬけとこんなことがいえたものである。

ここだけ読めば、ドイツ人はりっぱな人間だが、この本でドイツ人を褒めているのはここ一か所だけで、このあとは非難・攻撃・誹謗・悪口の連続である。そして最後には、悪魔がドイツ人を褒めている、といったぐあいである。

私はこれを見て、対敵宣伝の賞讃法というものを教えられた。もっとも、その後、何かの宣伝の本で、「宣伝は八分褒めて二分貶せ」というのを読んで、私はそのことばを守っていたのだが、この『是でも武士か』は、「一分褒めて九分貶せ」になっている。いずれにしても、相手を誹謗するまえに賞讃することは、対照の妙もあって、宣伝の一つの定石である。そしてイギリスの宣伝者は、国民みんながドイツの不法を憎んでいるこの時点でも、この原則をよく知っていて、それを忠実に守っていたのである。

この本は、その本文の初めに、緒戦においてドイツ軍が中立国ベルギーを侵犯したことを徹底的に追及している。すなわち、ドイツ政府はベルギーの永世中立国であることを尊重すると四つの条約と四つの公約で保証したが、それを全部破ったというのである。

四つの条約とは次のようである。

一、一八三一年にベルギーがオランダから分離して独立したときに、イギリス・フランス・ロシア・オーストリア・プロイセンの五か国は、ベルギーの領土保全について条約を結んだ。

二、一八三九年にオランダが新ベルギー国の独立を承認し、ベルギーは独立永世中立国であるという二国間の条約を結んだときに、前記の五か国はこの条約を保証するというロンドン条約を結んだ。

三、一八七〇年に普仏戦争が起こったときに、イギリスの発議によって、イギリス・

プロイセン・フランスの三国が一八三九年の五か国条約を再確認し、ベルギーの中立を守るという新条約を締結した。

四、一九〇七年のハーグ会議で、ドイツ・オーストリアを含む四四か国が締結したハーグ陸戦条約を結んだときに、中立国の領土は侵すべからずと規定されているが、そのとき「交戦国は、中立国の国土を経由して軍隊を輸送し、または、いっさいの軍需品もしくは糧食を運搬することを禁じる」と定められている。

しかるにドイツ政府は、このたびの戦争で、これらの四つの条約をすべて破ったというのである。

それにつづく四つの公約であるが、一八七〇年の普仏戦争のときプロイセンの宰相が、一九〇五年にブリュッセル駐在のドイツ公使が、一九一一年にドイツ帝国の首相フォン・ベトマン・ホールヴェーク Hollweg, von Bethmann が、そして一九一三年に外務大臣のフォン・ヤーゴ von Jagow が、口をそろえて「ベルギーの中立は尊重する」と公約した（本には詳細に書いてある）のに、これらの公約を破ったというのである。

その破り方であるが、一九一四年八月二日にドイツ軍が動員されたとき、ブリュッセル駐在のドイツ公使は、各国の新聞記者に、「ドイツ軍は、ベルギー領土を通過しないであろう」と言明した。そして裏では、その日の夕刻に、彼は本国から来た指令の極秘文書をベルギー政府に手渡した。それには、「翌朝七時まで、すなわち一二時間以内に、ドイツ軍のベルギー国内の自由通過の許可をもとめる。それを拒否すれば、ベルギーを敵国と見なす」とあった。

そして、許可を与えなかったベルギーの領内に大軍が侵入してきたのである。この論法は、まことに鋭いもので、事実の要点を畳みかけて追及をすすめてくるところは見事である。このようにして読者が、これでは騙し討ちではないか、これでも武士か、と考えるように仕向けている。そして最後に、ビスマルクは普仏戦争のときにベルギーの中立を守ったが、ドイツ皇帝ウィルヘルム二世は中立を破ったと、とどめを刺している。

この本では、ベルギーの国王アルバート一世陛下に、朝日新聞社社長村山龍平氏から献上した日本刀について述べている。そしてその日本刀の絵を挿絵にしている。これは、いうまでもなく、ベルギー人も日本人の大和魂と同じ魂をもっている、それゆえベルギー国王陛下もこの日本武士の魂を大切に保存しておられる、という論法である。その太刀は、『村山龍平伝』（昭和二十八年十一月二十四日発行）によると、「衛府《えふ》の太刀一振、天正五年〔一五七七年〕八月作、備前国住長船《おさふね》、作者七郎右衛門尉行包《じょうゆきかね》、凡鶴《およそづる》の紋」となっている。この名刀は、村山社長が大切に所持しておられたものだそうである。

この太刀を献上した事情は、次のようである。大正三年八月三日、大戦が勃発したので、朝日新聞社では現地で従軍記者にするために杉村楚人冠《そじんかん》（広太郎）を特派した。それで杉村氏は、八月十二日、横浜発のサイベリア丸でアメリカ経由でイギリスに向かい、九月十三日にロンドンに到着した。またこの太刀は、同年十一月二十四日、神戸出港の宮崎丸に託して送り、大正四年一月二十一日にロンドン着で楚人冠の手にわたった。そのときアルバート陛下は、ドイツ軍の占領をまぬかれてわずか残っていたベルギー領の前線におられたので、杉村氏は、あらかじめ準備した手筈により、フランスにわたり、陛下のおられた極秘の家（『是でも武士か』には、その小さな二階家の写真が載っている）にうかがい、朝日新聞社の特使として一月三十日に日本語の口上書にその英訳を添えて献上した。その口上書は次のようである。

「御太刀一振。右謹んで白耳義《ベルギー》皇帝陛下に献上し奉る。今回不慮の国難に際し、文明と人道の為めに比類なき武力を発揮して横暴な敵国に当り、名誉を世界に輝かした陛下の偉烈と白耳義国民の義勇とは、極東締盟国民の衷心より感佩敬慕に堪えざる所なり、よって我が国に於て武士の魂と称する日本刀を陛下に献じて遥かに敬意を表し、併せて陛下並に白耳義国民の為に武運長久を祈り奉る。

大正三年十一月　　大阪朝日新聞社長　村山龍平」

『是でも武士か』の英文には、この口上書の抄訳、太刀の作者名、代表の杉村氏の名をあげているが、残念なことに、作者名が次のように一字ちがっていた。"This fine weapon, made by Nakagawa Shichiroyemon-no-jo Yukitane（正しくは Yukikane）in 1577," そのため柳田国男さんは、探せなかったとみえ、日本訳には作者の名がない。いずれにしても、イギリスの宣伝者たちが、ここまでよく調べて武士の魂を持ち出してくるとは、あっぱれである。

『クルーハウスの秘密』キャンベル・ステュアート卿著 *Secrets of Crewe House*——*The Story of a Famous Campaign* by Sir Campbell Stuart, K. B. E., 1920

この本は、第一次世界大戦の最後にドイツ軍の戦意を崩壊させるという偉業をなしとげたイギリスの対敵宣伝秘密本部のクルーハウスの委員長代理であったキャンベル・ステュアートが、彼らの活動を書いたものである。それゆえ、イギリス式宣伝の極意の書であって、内容のいたるところに対敵宣伝についてわれわれ後輩が教えられることが書かれている。その第一が、この本の最初のページに述べられている、次のような宣伝の定義である。

「宣伝とは、他人に影響をあたえるように、物事を陳述することである。 What is propaganda? It is the presentation of a case in such a way that others may be influenced.」

これを読んだときに、私は目が覚める思いがした。簡単で、明解で、しかも核心を衝いたことばだからである。こういう、一見やさしいことばは、その道で苦労に苦労を重ねた人が、達人になって初めていえることばだからである。私は、その後もずっとこのことばを金科玉条にして心のなかに大切に置いている。

当時、私が持っていたレオナード・W・ドーブ著『宣伝の心理と技術』の七九ページに、いま一つ宣伝の定義があった。

「意図的宣伝とは、為めにするところある一人の個人(もしくは多数の個人)が、暗示の使用を通じて個人の集団の態度を制御する為め、および従って、これ等の者の行動を制御する為め、に行うところの組織的努力であり……」

このアメリカ人著者の定義は、まことに学問的で、ドイツ式である。以上二つの定義を比べてみると、イギリス人とドイツ人との物の見方のちがいがよくあらわれている。すなわち、イギリス式は具体的・実用的であるのに対して、ドイツ式は観念的・学問的である。この物事に対する二つの見方は、場合によって適・不適があるのだが、対敵宣伝は学問ではないから、ドイツ式ではとても解明できないように思った。そして、イギリスの定義が優れているというのは、それが宣伝の真髄を衝いているからである。

この宣伝の定義につづいて、この著者は次の宣伝の三原則を述べている。
一、対敵宣伝では、例外の場合を除いて、宣伝の源は完全に隠したほうがよい。
二、また一般原則として、宣伝の発表経路も隠したほうがよい。
三、敵国内に、宣伝に「好都合な雰囲気 Favourable atmosphere」を創造することが、宣伝者の第一の仕事である。

この原則が、これまたはなはだイギリス人的であって、ドイツ人ならばもっと難解な理屈を書くはずである。この三原則を、『是でも武士か』にあてはめて見ると、第一条に基づいて、企画者であるイギリスの宣伝秘密本部の名がまったく隠されている。第二条に基づいて、翻訳者である柳田国男さんの名も隠されている。そして第三条の「好都合な雰囲気」を醸成するために、『日本、英国及世界』の著者だと大風呂敷をひろげてみたり、変な詩を扉においてみたり、「真理を第一に置くか第二に置くか」といってみたり、「欧州大乱の産みたる最大の美術家」とレーメーカーズを持ち上げてみたり、「独逸に対する我等の態度」でドイツを褒めてみたり、最初の数ページでいろいろ苦心をしている。

このようにイギリス流の対敵宣伝法を研究してみると、『是でも武士か』の出版はイギリスの宣伝本部が計画したことは間違いないと確信をもつようになった。

緒戦でスウィントン中佐が『ベカントマッフンク』をつくったときの宣伝態度は、まことに冷静であった。そのころフランスが、ドイツからの亡命者たちによる『ジャキューズ』『ドイツ国民よ、目覚めよ』『いざ、デモクラシーへ』やスイスの『自由新聞』などを取り上げて、感情的に狂気のようにドイツ皇帝とドイツ政府を攻撃していたのにくらべると、ひどく対照的な態度である。この『ベカントマッフンク』の散布にあたっては、ノースクリフ卿が彼の仕事を助けていたことが記録されている。そのためであろう、この冷静法は、クルーハウスの終りに至るまで一貫してイギリスのリーフレット宣伝の態度になっている。

冷静法では、「宣伝者は独楽《こま》の心棒のようなもので、自分はいつも静かな場所にいて、相手を振りまわす」というものである。それは、喩え話でいえば簡単であるが、戦争でみんなが興奮しているなかにあってそういう態度をとるのは、容易なわざではない。イギリス人は、冷静法が宣伝者の態度として重要なことはよく知っているのであるが、敵国・中立国の大衆に対しては、その逆で、感情的にさかんに揺さぶってくるのである。「宣伝は為政者には論理的に、大衆には感情的に」というのが彼らの原則であるが、イギリスの宣伝者は、「大衆には感情的に」に徹底的に重点をおいている。

このように、一見、相反するように見える、冷静法と感情法とを適当にまぜ合わせて宣伝してくるのが、イギリス宣伝者の奥の手のようで、変幻自在、天衣無縫で、とてもドイツ人などの真似のできることではない。

『是でも武士か』の本文の冒頭に、「ゲエテ曰く、『虚偽は常に人の耳にささやかれつつあり。ゆえにわれらは絶えず真実を語らざるべからず』」という句が引用してある。こういっておいて、相手を騙そうというのだからあきれたものである。悪人はけっして「自分は善人です」とはいわない。「私も人間ですから、ときたま悪いこともしますがね」といって近づいて来る。これが悪人の常套手段だが、クルーハウスの宣伝者も、ときに、そのように敵に身をすり寄せる高等戦術をつかうことがある。いずれにしても彼らは、嘘らしい本当と本当らしい嘘とをまぜて、敵を幻惑しようとしている。彼らは、戦時の異常心理の国民には、本当らしい嘘はしばしば本当よりも魅力的であるということを、よく知っている。

　ここで、プロパガンダ propaganda ということばの意味が変化したことについて述べておこう。このことばは、もともと、「キリスト教を伝道する、布教する」

ノースクリフ卿

というよい意味の、よいことばで、それがだんだん「宣伝」という意味に使われるようになった。ところが第一次世界大戦で、イギリスの謀略宣伝にドイツ人が騙されて負けてしまったので、この「プロパガンダ」ということばは「人を騙す」という悪いニュアンスをもつようになった。それで、新しくよい意味の宣伝を表わすことばが必要になり、戦後になって、パブリシティ Publicity とかパブリック・リレーションズ Public relations といったことばが使われるようになった。

クルーハウスの宣伝屋は、とうとうことばの意味を変えてしまったのだから、恐ろしい人たちである。

クルーハウスの対ドイツ宣伝部長はひじょうに重要な地位であるから、有名な文明評論家のH・G・ウェルズ Wells, Herbert George（一八六六〜一九四六）が任命された。彼は、そのとき、すでに外務省の宣伝部の仕事をしていたオックスフォード大学の歴史学者ヘッドラム＝モーリ教授 Headlam-Morley, Prof. J. W. に来てもらって、その助けを借りた。ところが、ウェルズと対敵宣伝委員会の委員長であったノースクリフ卿 Northcliffe, Alfred Charles, Viscount（一八六五〜一九二二）とのあいだで、対ドイツ宣伝方針の根本問題について大論争が起きてしまった。このことは『クルーハウスの秘密』にくわしく書かれている。

ウェルズは、「連合国側ではドイツ人が悪い悪いといい、ドイツ人はイギリス人が悪いのだと非難して、両方とも教会で同じ神さまに勝たせてくださいと祈っている。これでは単に喧嘩である。それでは、人類が進歩した現代として問題にならない。それゆえ、戦後、League of Free Nations という民主的な国際機関をつくるのだと、将来の理想社会を示して宣伝しよう。そして、その民主的なルールを破る黒い羊がいるならば、その国を残りの国々で制裁するのだというのだ。そして、ドイツ皇帝がそのルールを破って起したのがこの戦争だから、みんなでドイツをやっつけるのだと説明する。これならりっぱに筋が通っているではないか」と主張したのである。これは、当時のアメリカとイギリスのごく少数の識者間でいわれていた意見である。

H・G・ウェルズ

これに対してノースクリフは、「この戦争は、イギリスの生死の戦いである。戦後の理想のことなどはどうでもよい。連合軍が勝てば、われわれの思いどおりにするのだし、負ければドイツ人が自分の国際法をつくるのだ。それだから、敵を騙しても、どんな宣伝手段を使ってもかまわないから、勝たなければならない」と主張して、ウェルズに反対した。このノースクリフの意見は、いかにも現実主義者のイギリス人らしいものであった。ウェルズは激論のすえ、「委員長がそんなお考えでは、私にはできません」といって、一九一八年七月二十三日にわずか数か月で辞職してしまった(『クルーハウスの秘密』六〇、九〇ページ)。そしてその後任には、作家で新聞記者のハミルトン・ファイフェ Fyfe, Hamilton が任命された。

この二人の論争は、なかなか堂々としたものであった。第一次大戦後には国際連盟 The League of Nations ができ、第二次大戦後には国際連合 The United Nations ができて、いまもつづいているのだから、ウェルズの見通しの正確さには敬服せざるをえない。

この本の教える対敵宣伝の方針はまことにすばらしく、私も強い影響をうけた。しかしイギリスの宣伝組織は、初めから終りまでもたもたしていて、お世辞にも褒められたものではなく、あれだけ知性の高いイギリス人がなぜドイツ人のように組織づくりが上手にできないのか、これまた不思議でならなかった。

開戦直後の一九一四年にイギリスの外務省は、中立国への宣伝文書の配布を目的にした秘密の戦時宣伝局 War Propaganda Bureau をつくった。この宣伝局は、ウェリントンという名の家におかれていたから、関係者は、ウェリントンハウス Wellington

House とよんでいた。ウェリントンハウスの主要な目的は、中立国の人を反ドイツにすることとであったのだが、その中立国というのはオランダが第一目標であった。

一九一七年十月、ウェリントンハウスの担当者からオランダ駐在のイギリス総領事マックス氏に宛てた手紙がドイツ側の手に落ちた。それには、「われわれは、オランダにいるプロテスタントの牧師の名簿を作成したから、その名簿をお送りする。われわれは、この宣伝文を一万五〇〇〇部印刷したが、そのうち約四〇〇〇部をこの牧師名簿の宛先に直接発送した。残りの一万一〇〇〇部を貴下にお送りする。貴下が、それを、興味をもつ人びとに配布してくだされば喜ばしい次第である」と書かれてあった。

次に、イギリスでは、国内での平和主義者の活動を防止し国民の戦意昂揚を目的にして、一九一七年六月に戦時計画委員会 War Aims Committee がつくられた。国内宣伝を引き受ける機関で、これには政府が財政支出をおこなった。この委員会は、一九一八年五月までに、すでに述べた『リヒノウスキー侯爵の回想録』の廉価本を四〇〇万部以上売り尽くしたと報告している。

そして戦争の最後の年すなわち一九一八年になって、やっと対敵宣伝の組織のクルーハウスができた。この年の二月、外務省情報部が宣伝省 Ministry of Information に昇格し、ビーヴァブルック卿が宣伝大臣になった。彼は、緒戦からずっと熱心な対敵宣伝論

クルーハウス

者であったから、ただちに対敵宣伝本部をつくって、これまた対敵宣伝強行論者であった新聞王のノースクリフ卿をその責任者に任命した。その本部には British War Mission という曖昧な名をつけたのだが、関係者は、本部のあったクルーハウスという家の名で呼びならわすようになった。

戦争はこの年の十一月十一日に終わるのであるから、クルーハウスの活動はわずか九か月だけで、その経費は七万ポンドだったとのことである。しかしこの間のクルーハウスの一大宣伝決戦によって、ドイツ軍の戦意は叩きつぶされ、連合軍が勝利をおさめたのであるから、クルーハウスの名は、ビーヴァブルック卿とノースクリフ卿の名とともに世界を驚かせたのであった。

このイギリスの宣伝組織が最初はもたもたしていて、最後に近くなってやっとクルーハウスの宣伝本部ができた様子を、ハンス・ティンメは『武器に依らざる世界大戦』に次のように書いている。

「イギリス人は形式主義者でもなければ官僚主義者でもない。彼らは戦争の要求するところに、必要に押されて徐々に適合していった。それゆえ宣伝組織も、臨機応変に、正しい連関もなく、統一的な指導もなく出来たのであった。しかしながらイギリスには大戦中もなお時代の要求や歴史の変化に対する信頼すべき政治的敏感性が失せてはいなかった。イギリスの宣伝は、それがさし迫った思想、時代の精神をとりあげて、それを利用したがゆえに効果的であった。物好きな、中途半端な方法で多くの時間が空費されたのち、最後の決定的な瞬間に最も活動的な人物〔ノースクリフ卿のこと〕が広範な全権を委せられて好適な場所に据えられた。〔イギリス人の〕政治的本能はふたたび華々しく登場した。宣伝の遂行にあたって、優秀な著述家、ジャーナリスト、実際政治家が多く起用され、役人が少なかったということがまた重大なる長所であった」

これは、ドイツ人にしては珍しく、イギリス人の性格の本質を見ぬいた名言である。

『対敵宣伝放送の原理』のヒント

この三冊のほかにいま一冊、教科書にしたらよいと思われる本があった。それは、すでに何度か言及した『宣伝の心理と技術』レオナード・W・ドーブ著 *Propaganda, Its Psychology and Technique* by Leonard W. Doob, New York, 1935 である。

これには『宣伝心理学』(春日克夫訳・育生社弘道閣刊)という別訳があるが、これは昭和十九年六月二十日発行であるから、私がラジオ室にいた昭和十八年にはまだ出版されていなかった。

この『宣伝の心理と技術』のなかの宣伝の定義はすでに引用したが、その日本訳は三六万字という膨大なものである。しかも翻訳が下手で、日本語のわからないところもあって、難解きわまりなく、ラジオ室の活動的な空気の毎日のなかにいた私には、読むに堪えなかった。そんなわけで、この本は、やむなく放棄してしまったのだが、ただ一つ教えられて利用したことがある。それは、この本の末尾にある付録「宣伝の諸原理」である。これは、宣伝家の意図の原理、知覚の原理、宣伝の型の原理、関係的態度の原理、所期の統合の原理、予測し得べからざることの範囲の原理、逆宣伝の原理、説得の原理の八項目であった。

これを見た私は、よし、いまは放送の時代だから、これの宣伝放送に限定したものを作成しようと思い、すぐ室長の樺山君と相談して仕事をはじめた。彼とはいろいろ議論はしたけれども、二人ともイギリスにいたので、全体としては話はよく合うし、敵味方の宣伝放送は、毎日耳にするし、緒戦いらいの各国の宣伝放送については、古い『ショートウェーヴ・ニューズ』を樺山君が見せてくれたから、仕事は順調にすすみ、七か月ぐらいで昭和十八年五月末に書き上げた。この本の付録にある『対敵宣伝放送の原理』というのがその全文である。

このようなわけであったから、昭和十八年十一月三日に参謀本部駿河台分室ができ、同年十二月二日から「日の丸アワー放送」を始めることになったときに、樺山君が私に主任をやれといったこともわかるし、そしてそれまでアメリカに一度も行ったことのない私が断わることのできなかったのには、裏にこういう事情があったからである。いずれにしても、私はイギリス派で、宣伝についてのアメリカの本は好かないし、読むのも嫌いなのだが、戦時中にこの本の付録を書くについては、ドーブの本の付録「宣伝の諸原理」からヒントを得て、眼が開かれたのは事実であった。

第四章　各国の戦時宣伝態度

このように、三冊の教科書をよく調べれば調べるほど、フランス、ドイツ、イギリスの戦時宣伝態度が常識ではとても考えられないくらい極端にちがっているので、私はびっくりしてしまった。私も、戦前、イギリスに四年あまり行っていて、これら三国の国民性が、日本で一般に考えられている以上にひどくちがうことには気づいていたのだけれども、こんなにちがう態度は珍しいと思った。それで、その解明を狙いにして、各国の宣伝態度に私なりの名前をつけ、それぞれの特徴を考えてみた。

ドイツは論理派

第一次大戦のときに宣伝でイギリスに遅れをとったドイツは、ナチスになって、ゲッベルス Goebbels, Dr. Paul Joseph 宣伝相の下でその宣伝理論は異常な発達をとげた。しかしその国内宣伝が華やかであったのにくらべると、対敵宣伝についての進歩はすこぶるにぶく、第一次世界大戦のイギリス式宣伝の極意を少しも悟っていないのに驚かされた。

ドイツの対敵宣伝の特徴は、理屈っぽいことである。いつも理屈で敵を説き伏せようとする。それゆえドイツの宣伝者は、無意識のうちに、「為政者に向けて、論理的に」を実行している。ドイツ人は、日ごろの友人間の交際でも、お金やその他の点でいい加減で妥協することを嫌うようである。彼らは何でも理屈である。そのかわり、理屈に負けたと自分で思うと、急におとなしくなってしまう。これに反してイギリス人は、理屈に負けても、譲るようなことはけっしてしないで、あくまで自分の利益を守ろうとするのである。ドイツ人とイギリス人は同じゲルマン民族なのだけれども、その対敵宣伝の態度は二つの大戦を通じてまるでちがっていた。それであるから、ドイツには「論理派」という名をつけた。

ドイツ人は、個人やグループよりも団体に重点をおいているから、画一的な制服を着て、隊伍を組んで歩くことが、とても好きである。また、ドイツ人の得意とする科学は、複雑な自然現象のなかに一貫した不変の法則を求めることだから、ドイツ人は対敵宣伝をするときにもこの姿勢を少しも崩していない。それであるからドイツの宣伝は画一的で、類似の事件についてはいつも同一論法を用いてくる。これでは、人をひきつける新奇な面白さがない。「対敵宣伝には二番煎じは禁物である」ということにドイツ人は気づいていないようである。どう考えてみても、対敵宣伝というものは、現在の科学では手のとどかない、摩訶不思議な動きをする人間心理が対象なのだから、単に学問的な態度だけで対敵宣伝ができると思ったら、大間違いである。

こう見てくると、対敵宣伝は、ドイツ人にはぜんぜん不向きな仕事のようである。対敵宣伝には、相手の心理を理解することが必要である。ところがドイツ人は、いろいろの民族と隣接して住んでいるにもかかわらず、自我が強いためであろうか、平時でも相手の心理を理解することがまことに下手である。この点、イギリス人とは極端に対照的である。第一次世界大戦の終りごろにクルーハウスがつくった、対ドイツの宣伝リーフレット「西部戦線に進軍する将士に告ぐ」と「ウィルヘルム、二十四時間後に戦場に立つ」にしても、ドイツ向けにつくったものだから、議論のすすめ方がねちねちとくどく、日本人のようなせっかちな者には、読むに堪えないものである。ところがドイツ人は、逆に、あのねちねちとくどい議論がたまらなく好きらしいのである。イギリス人は、自分が好きであんな宣伝文を書いたのではない。ドイツ人が好きだから、わざわざドイツ人好みの宣伝料理をつくって、ドイツ人に食べさせようとしただけのことである。

ドイツ人は力の信者である。それゆえに、国民の団結を叫んで、国民を奮いたたせる国内宣伝はするけれども、対敵宣伝には頭が向かないようである。その原因を考えてみると、ドイツは大陸の真ん中にある国で、いつも数か国に囲まれていて、たびたび戦禍をこうむっている。ことに、西には文化の高いフランス、東には熊のような恐ろしいロシアという両国に挟まれていて、いつも国の存立が脅かされている。それゆえ、頼れるのは自分の戦力だけで、宣伝などは問題にならないのではあるまいか。ビスマルクいらいのプロイセン中心のドイツは尚武の国であり、力の信者であって、「武力で勝てばいいんだろう」という考えが優先していて、対敵宣伝の重要性などは考えたこともないのではあるまいか。いずれにしても、武力戦では攻撃的だが、宣伝戦ではいつも防御的である。

フランスは平時派

戦時中の宣伝には、国内宣伝・対中立国宣伝・対敵宣伝の三種類があるが、第一次大戦のときのフランスは中立国宣伝に最も力を注いでいた。これには、次のような理由があった。

一、戦前からフランスにはフランス文化の宣伝組織が二つあった。こういう平時の宣伝組織をもっていたのはフランスだけである。

二、フランスと関係の深い、同じカトリックの国々は、中立国が多かった。

三、第一次大戦は初めから終りまでフランス国内が戦場であったから、防戦に夢中で、落ち着いて対敵宣伝を考える心の余裕がなかった。

フランスは文化の進歩した国である。それゆえ、戦前から外国へフランス語とフランス文化を宣伝する組織をつくっていた。その最大のものが「植民地及び外国へのフランス語普及のための同盟（略してフランス同盟）Alliance pour la propagation de la langue française dans les colonies et à l'étranger（Alliance française）」で、一八八三年に設立され、一九〇八年の会員数は五万人であった。そして大戦勃発の三か月後、戦時向きの『フランス同盟機関紙』を月二回発行して、これを数か月のうちに次々と九か国語に翻訳・発行するようにし、読者数は七万人から二〇万人に増えたとのことである。そして、これも類似のものだが、フランスでは戦前から、「外国人に対するフランス友の会Amitiés française à l'étranger」をつくって、フランス文化の宣伝に力を入れていた。また一九一五年二月には「外国宣伝フランス・カトリック委員会Comité catholique de propagande française à l'étranger」をつくって、教会を通じての宣伝も組織的におこなった。そして一九一六年二月には、新聞報道の統一機関として外務省に所属する「新聞の家Maison de la presse」を発足させた。まだいろいろあり、それらはそれぞれ効果はあったろうと思うけれども、イギリスの対敵宣伝とはまるで方向のちがうものであった。このようにフランスの戦時の宣伝活動は、平時の活動の延長のようなものであったから、私はフランスには「平時派」という名をつけた。

すでに述べたように、フランスの対ドイツ宣伝の主流はほとんどすべてユダヤ系を含むドイツ人の亡命者たちがおこなったドイツ皇帝・戦争指導者に対する気違いじみた非難・攻撃であった。これは、フランスが計画的におこなったものではなく、亡命者が逃げて来て自発的に反ドイツ宣伝をはじめたので、フランスの宣伝関係者がそれに便乗したのであった。しかし、よく考えてみると、こういう亡命者による宣伝もイギリスの対敵宣伝とは異質なもので、こういう宣伝をしたら相手がどんな影響をうけるかということが十分に考慮されていないように見える。いずれにしても、便乗宣伝では一流の対敵宣伝というわけにはいかない。

緒戦でドイツ軍がフランス領内に侵入してきたときに、緊急に必要であったのは、フランス国民の志気昂揚であった。すなわち、普仏戦争のときのようにパリを取られては大変だから、パリを死守しようということであった。それゆえ、見方を変えれば、亡命者たちの激しいドイツ攻撃も、フランス人の志気昂揚には大いに役立っていたといえる。対敵宣伝だと思うから、『ジャキューズ』や『ル・クリム』の悪口をいいたくなるのだが、あれは、あのときフランス政府が緊急に必要としていたフランスの国内宣伝であったのだと思えば、よく理解できるのである。

また、フランスの宣伝者が発明したことばに、「ドイツの神 le Dieu allemand」というのがある。これは、「フランス人もドイツ人も、教会で同じ神さまに勝たせてくださいと祈っている。神さまもさぞかし困っておいでになるだろう」という皮肉な問いかけに答えたつもりなのである。すなわち、「ドイツ人は、キリスト教信者ではない。ゲルマン人の昔の好戦的な神オーディン Odin の信者だ」という論法なのだ。しかし、当時、ドイツ人のなかにオーディンの信者が一人もいないことはだれでも知っていたのだから、「ドイツの神」といっても、宣伝のうえでさっぱり迫力がない。

それでは、フランス自身のおこなった対敵宣伝はぜんぜんなかったのであろうか？私は、なかったのだといいたい。けれども正確にいうと、それは少しちがうようである。『武器に依らざる世界大戦』（一一ページ）によると、一九一五年八月にフランスの参謀本部第五課に空中宣伝部 Service de la propagande aérienne ができたと書いてある。その任務は、ドイツ戦線へ散布する宣伝ビラの作成と散布であったから、明らかに対敵宣伝である。そして、ドイツ文学の研究者であるトンヌラ教授 Prof. Tonnelat が主任となり、ヨハン・ヤコブ・ワルツと自称していたという画家ハンシ Hansi が風刺画を書いていたとのことである。この空中散布宣伝部は、のちに軍事情報部である第二課に移ったのだが、軍の上層部がこのような宣伝ではたして敵軍隊に動揺を与えることができるかについて疑問を抱いていたので、この宣伝部は発展せず、最後まで部員十人ぐらいのままであったとのことである。

アメリカは報道派

アメリカの宣伝者が本格的な宣伝活動を開始したのは、太平洋戦争になってからである。そもそもアメリカ人はニュースとスピードを尊ぶ。戦時でも、「宣伝とは、有利な報道に解説を加えて繰り返して放送し、相手に強い印象を与えることだ」と考えているように見える。そして敵・味方のうち報道を多く流したほうが勝つのだという考えのようである。それゆえアメリカには、「報道派」という名をつけた。

一九四四年十月二十一、二日にアメリカ軍は大挙してフィリピンのレイテ島に上陸してきた。謀略派の人ならば、第一に、この強烈な反撃の事実を利用して、日本人の戦意を砕いてやろうと考えるはずである。ところがアメリカ人のしたことは、上陸後すぐ現場から短波でアメリカに向かって送信し、レイテ島の実況放送を全米に中継したのである。これは、画期的な報道であったから、アメリカ国民の戦意昂揚には大いに役立ったと思う。しかし宣伝屋から見ると、宣伝方向がまるで逆である。イギリスの宣伝者に聞けば、「アメリカには広告と報道とはあるが、真のプロパガンダはないよ」というであろう。

アメリカの宣伝は、商品の広告から発達したものである。それゆえアメリカ人は、広告と宣伝とを混同する傾きがある。しかしよく考えてみると、広告では、「顧客はすでに買う決心をしているのだから、どうしたらそのお客に他社製の類似品を買わせないで、自社の製品を買わせることができるか」というお客の選択 Preference がポイントであるのに対して、宣伝では、「どうしたら顧客が購買決心をして、手をポケットに入れるか」というお客の決断 Determination の段階を問題にしているのである。

この世には、戦争をすぐ止めるつもりで始める国などないから、プロパガンダでは敵国民の考えを一八〇度逆方向に向けさせなければならない。それゆえクルーハウスの宣伝者は、二段階に考えて、「宣伝に好都合な雰囲気」をつくることがまず必要だといっているのである。これに対してアメリカの宣伝者は、宣伝放送の量で宣伝の価値を計ろうとする。ここが、広告と似ているところである。

アメリカ人はニュースを重視するから、有利なニュースがないと宣伝はできない。それゆえ、太平洋戦争の最初の六か月に日本軍が進撃していたときには、アメリカ側の宣伝には見るべきものがない。これに反して、戦争の後半になって勝ちつづけてくると、アメリカの宣伝放送は急に勢いづいてきた。これでは、「勝てば歓喜し、負ければ沈黙する。宣伝者は心を色に現わさずの原則に反する」といわれても仕方がないではないか。

これを認めるようなことを、戦後一九四七年に、パウル・ラインバーガー Reinburger, Paul M. A. が書いている。すなわち、彼の『心理戦争』(須磨弥吉郎訳)という本には、「心理戦争は、戦争の一部である」(二八ページ)、あるいは「心理戦争とは、大量的通信の使用によって、通常の軍事的作戦を補足することである」(四四ページ)といっている。この前後を通読してみると、宣伝戦というものは武力戦の補助であって、前線での戦勝という有利な報道がなければ対敵宣伝はできないという意味のことが長々と書いてある。ここに、報道にのめり込んでしまったアメリカの宣伝者の気持がよく現われているではないか。アメリカ人は、同一言語を用いているにもかかわらず、前大戦でのイギリスのプロパガンダの極意をすこしも悟らない点が不思議である。

昭和二十年二月のルーズヴェルト、チャーチル、スターリンのヤルタ会談が終わってから、アメリカ側は日本に向かって「無条件降伏」の宣伝をさかんにしてきた。私は、これには驚いた。というのは、これは、謀略派から見れば狂気だからである。そして私は考えた。いったい、無条件降伏ということが現代の戦争にあるのだろうか？　また無条件降伏などといえば、敵が降伏しにくくなるのではあるまいか？　いずれにしても、第一次大戦が終りに近づいても、イギリスはドイツに向かってこんな愚かなことは一度もいったことはなかった。

しかし、このとき悟ったのであるが、アメリカの戦争指導者が最も恐れていたアメリカの内部の弱点は、多民族国家の内部崩壊なのではあるまいか。それゆえ彼らは、「アメリカの内部さえしっかり固めていれば、日本なんか潰すのに問題はないさ」と考えていたように思えた。すなわち、アメリカにとっては、戦時でも、国内宣伝のほうがプロパガンダよりもはるかに重要なのである。それであるから、私がアメリカのプロパガンダはなっていないと叫んでも、アメリカの宣伝者には馬耳東風なのであろう。

イギリスは謀略派

戦争のときにはだれでも興奮しているのであるが、そういう興奮の渦のなかにあってイギリスの宣伝者はまことに冷静である。いや、そればかりではない。イギリスの宣伝者は宣伝によって敵国民の戦時の異常心理を鎮静させようとさえする。彼らは、それが宣伝しやすい雰囲気であるということをよく知っている。こうしておいてから、相手に毒酒を飲ませる。すなわち、興奮が少し静まったところで、なぜあなたは死ななければならないのでしょうか、だれの利益のために死ぬのですか、あなたはそれを考えたことがありますかと、前線の将兵や国民に質問して、相手の感情をくすぐり、だんだんに反戦的にしていくのである。

イギリスで国内宣伝を担当していた戦時計画委員会は、『リヒノウスキー侯爵の回想録』などを利用して国民を大いにアジるようなこともしたけれども、対敵宣伝者の集りであるクルーハウスの人たちは、最初から宣伝で敵国民の戦意を打ち砕くことだけに的を絞っていて、まず異常心理を鎮静させることが宣伝者の最初の仕事であると、堅く信じていたのである。

イギリスの対敵宣伝者は、敵の興奮を少し静めたところで、こんどは質問の雨を降らせる。すなわち、いろいろと質問を出すのであるが、結論はけっしていわないで、敵国民に考えさせるのである。『是でも武士か』は表題からして質問で、内容にも質問が満ち満ちていることはすでに述べた。こう見てくると、クルーハウスの宣伝者は「宣伝とは質問である」と考えていたのではあるまいか。このことは、われわれ宣伝にたずさわる者は片時も忘れてはならないことである。不思議なことに、この質問法を、第一次・第二次の大戦をとおしてドイツ・フランス・アメリカはぜんぜん学んでいないので、彼らはしばしば結論を敵に向かっていってしまっている。

また、イギリスの宣伝は臨機応変で、時期・相手によってどうでも変わるのである。たとえば、議論好きのドイツ人には議論を吹きかけている。それゆえ、イギリスの宣伝を見ていると、イギリス人のように他民族の心理をよく理解している民族はいないとしみじみ思うのである。きっと彼らは、十数世紀にわたって世界各種の民族との闘争を経験したので、このような特殊の才能をもつようになったのではあるまいか。いずれにしても、他民族の宣伝態度には目もくれず、自信をもってイギリス式の道をすすんでいるところは見上げたものである。

樺山君と私は、戦前、イギリスにいたので、これらのことがよくわかり、イギリスの宣伝に魅せられていた。それゆえ二人はイギリス派で、当時、通信社などにいた数多いアメリカ式報道派の人たちとは、宣伝についての見方がちがっていた。いや、手近かな話で、同じラジオ室にいる二世の村山君とアメリカ育ちの小平君が、アメリカ派であることは当然であったから、親しさとは別に、宣伝についての両派の意見のちがいがときどき表面化し、四人で議論したことがあった。

クルーハウスの宣伝者がどうして宣伝決戦という考えをもつようになったのか、よくわからない。彼らは、「宣伝決戦」ということばは一度も使っていなかったが、その思想は、第一次大戦の早いころからイギリスにはあったように見受けられる。ことによると、強烈な性格をもつノースクリフ卿の発案ではあるまいか。宣伝決戦とは、戦争の最初の段階では自分に不利なことでも大胆にいって、敵にあの宣伝者（たとえばＢＢＣ）は真実をいうと信頼させておき、最後に機会が来たならば一大宣伝戦を展開して、大きな嘘で敵を騙して、敵の戦意を打ち砕いてやろうという考えである。そして、ひとたび宣伝決戦思想をもてば、緒戦からその準備行動である宣伝の仕方がちがうはずである。よく調べてみると、イギリスは第一次大戦でも第二次大戦でも、初めから敵の崩壊過程を頭に描いていて、その線に沿って宣伝をしている。イギリス以外の国は今日に至るまでこの宣伝決戦という思想をまったく学ぶことができないのだから、なんとも驚き入ったことである。このようにイギリス人の宣伝態度を煮つめてくると、イギリスは「謀略派」ということになるようである。

ソ連はイギリスの亜流

ソ連は、第一次大戦の途中で革命を起こしていらいずっと共産主義の宣伝をしてきたのだから、プロパガンダが上手かというと、そうでもない。

ロシア人は、昔から、西欧先進国よりも文化が遅れていることを自覚していたので、フランス、ドイツ、イギリスの優れたところを学ぼうという態度をとっている。この点は日本によく似ている。それで、第一次大戦がすんだとき、ソ連の宣伝者は各国の宣伝を眺めてみて、どうもイギリス流がよさそうだというので、イギリスから「宣伝は大衆の個人的利害に訴える」と「宣伝は大衆に向け感情的に」という二つだけをとり入れて、それを堅く守っている。

一般的にいって、フランス人やドイツ人は自惚れが強く、また意地っ張りでもあって、イギリスのことなんか真似るものかという感情をもっているから、こんなに優れているイギリスの宣伝方法をちっとも学ぼうとしなかった。その結果として、宣伝の分野ではソ連のほうがフランスやドイツよりもずっと優秀で進歩してしまった。

ただ、ソ連も模倣者の欠点として、一つ覚えになってしまい、相手かまわず、時期もかまわずに同じ論法で繰り返し同じ宣伝をしている。すなわち、イギリスの宣伝者の得意とする臨機応変ということは、ぜんぜん学ぶことができなかったようである。それゆえ、失礼ながら、「イギリスの亜流」と命名した次第である。

大衆の個人的利害というものは、平時でも戦時でも、宣伝上のすばらしい論法である。それは、「あなたは、だれかの犠牲になってはいませんか」とは、いつでも大衆の心を動かすことのできることばだからである。これについて、古いことばに、「一将功なって万骨枯る」というのがある。また、第一次大戦後に出版され、かつ映画化されたレマルク Erich Maria Remarque というペンネームの著者の『西部戦線異状なし』*Im Westen Nichts Neues* では、この点を鋭くついている。

ソ連の宣伝も、ちゃんとこの線に沿っておこなっているが、この大衆の個人的利害の宣伝の場合は、個人の利害、個人の自由の無視、幸福な家庭の破壊とたたみかけていって、大衆の目を自分の周辺だけに釘づけにして、国家の将来というような長期的で大局的なことは隠すのである。

ソ連はまた、イギリスの宣伝者の考えた「宣伝は大衆に向けて感情的に」をそっくりそのまま頂戴して、共産主義宣伝の方針として使っている。これまた、宣伝としてはすばらしい方針である。イギリスのプロパガンダが優れているのは、フランスやドイツとはちがって、初めから終りまで宣伝の対象を敵国民の大衆においていたことである。

いつの戦争でも、大衆は犠牲者である。戦争をはじめるのは王や指導者階級の人で、血を流すのは大衆であるから、宣伝でこの大衆の心を動かしさえすれば、戦時では敵国軍隊の戦意を破壊することもできるし、平時では革命を起こして一国の政府を転覆することもできる。それゆえソ連の宣伝は、「大衆に向けて感情的に」ということに徹底している。ただ、イギリスとちがうのは、イギリスの宣伝者には、次にはどんな手を打ってくるかわからないという気味悪さがあるが、これに比べるとソ連の宣伝者は正直である。

なんといっても、共産主義の柱は平等思想である。これはまた、大衆宣伝の最良の武器でもある。「平等」といわれると、大衆は感動する。そもそも「自由と平等」は、青年を酔わせる麻薬思想である。そして大まかにいえば、十八世紀末から十九世紀にかけては世界の青年は「自由」で興奮したが、二十世紀になってからは「平等」で興奮しているのではあるまいか。現在では、「平等」が人類最高の理想のように考えられている。それであるから、ソ連が「平等」と「個人の利害」と「大衆の感情」の三つを取り上げたことは、宣伝としてはまことに正しいことであった。ソ連は、このような大衆のアジ宣伝によって革命を成功させ、その後も、外国を、ことに発展途上国を同じ手口で覆えそうとしているのである。

ところが、すでにロシア革命から六十年近くたって、現実のソ連は独裁的な強権主義になっていて、自由を押し潰し、党員という特権階級もあって、ほんとうの平等社会かどうか疑われる姿になっている。それであるのにソ連の宣伝は、一つ覚えで、相変わらず前記の三点を繰り返している。それで、いまの先進国の若者は、ソ連のいうことと、実行していることとの矛盾を肌で感じている。ロシア革命当時の平等社会の夢が世界の青年に与えたあの感激は、この事実のまえに色褪せてしまったようである。これを、宣伝という角度から見れば、亜流はやはり亜流でしかなかったということであろうか。

対敵宣伝の適格者

以上に書いたような各国の戦時宣伝態度は、すでにラジオ室にいたときに樺山君と私が感じていたことである。しかし、これから書くことは、そのときに私がもった、各国の極端な宣伝態度のちがいはなぜ起きたのか、そして対敵宣伝者の資格とはどういうものか、という疑問について、私なりに戦後三十五年間考えに考えぬいて得た結論である。

まず第一に、対敵宣伝の出来・不出来は、相手国民の性格や考え方の理解度に比例するということである。こう見てくると、大国の宣伝態度のひどいちがいが、少しわかってくるようである。

一、ドイツ人は、力の信者で、自己反省がなく、武力以外は相手のことを知ろうとはしないから、対敵宣伝には向かない。

二、フランス人は、ラテン民族の長女で世界一の文化をもっていると慢心しているから、初めから他国人を理解しようという気がない。

三、アメリカ人は、多民族の個々のちがいを切り捨てて国をまとめようとしているから、各国人の心をいちいち深くは知ろうとはしない。

四、イギリス人は、世界じゅうの民族と接触し、闘争し、苦労をしてきたから、これらの仲間のうちでは、桁ちがいに外国人の心をよく知っている。

「敵を知り己れを知らば、百戦危うからず」という孫子のことばは、戦前の日本人ならばだれでも知っていた。しかし、それが口先だけのお念仏で、敵の恐ろしい力を知る努力もしないで、太平洋戦争をしてしまったのではなかったか。吉田茂元総理が、日本がこの戦争をはじめたことを「誤算」と書いておられたのを読んだような気がする。しかし私は、日本は、「誤算」といえるほどよく計算したのだろうかと、いまでも疑問に思っている。

昭和十三〜十四年に私は労務者住宅建設のために新設された厚生省社会局の住宅課で「土地建物賃貸状況調」という住宅調査をしていたことがあるが、そのときの部屋の事務官が加藤陽三さんであった。彼は、戦後防衛庁の人事局長を六年間していた。私は、彼が背広組と制服組の俸給を決めなければならない立場だから、苦労が多いだろうと思って見ていた。それで、二人で食事をしたときに、「加藤さん、人間って、どういうのが偉いの?」と、いくぶん意地の悪い質問をした。すると彼は、すぐ、「より広く、より深く人の心のわかる人が偉いんだよ」と答えた。まことに名言だと、いまでも感心している。そこで、そのことばをお借りしていえば、「プロパガンダでは、より広く、より深く敵の心を知る者が勝つのだ」ということである。

次に、対敵宣伝とは敵国民のリモコンであるから、ただ敵を知っているというだけでは不十分である。少なくとも、戦前にその国に三年以上は住んでいて、物事が起きたときに、その国の人と同じように感じ、かつ反応することのできる人でなくてはだめである。この相手の立場に立つことのできる気持を「没我」というのであろうが、この没我の境地が、相手の国の社会に「宣伝に好都合な雰囲気」をつくることのできる資格であると思う。他人のリモコンは、自分のためにはだれでも多少はやっているが、我利我欲の亡者は、この没我という点で対敵宣伝者とは大きくちがっている。だから私は、対敵宣伝は詐欺師にできることではないといっている。

また、対敵宣伝をする資格には年齢があると思う。いま私が考えているのは、五十歳を越さなければ対敵宣伝はできない、ということである。いまの社会では、五十歳ぐらいで管理職になる。そしてそうなったとき初めて、多くの人の性格や能力や心理を見きわめて、適材適所に人を配置することに苦心するようになる。すなわち、管理職とはリモコン職である。

これについて、原敬総理の面白い話を聞いたことがある。南部に嫁いだ叔母が、原さんの死後、私に話してくれた。「あるとき、原総理がお見えになって、『十人十色とまるで性質のちがった人間を、自分の思うように使うのがとても楽しいのです』といわれ、とてもお嬉しそうでした」と。これは、人間操縦術の奥義を極めた達人のことばであり、対敵宣伝者の資格十分である。

それでは、一九一八年二月にクルーハウスができたとき、そこの宣伝者たちの年齢はどうであったのだろうか。ノースクリフ委員長が五十四歳、対ドイツ宣伝部長のH・G・ウェルズが五十三歳、そしてクルーハウスに出入りしていたと思われるスウィントン中佐（大佐になっていたかも知れない）は五十一歳であった。昭和十八年に三十九歳で「日の丸アワー放送」をさせられた私は、いまになって、ほんとうの対敵宣伝はそんな若い年齢の人にはけっしてできるものではないということを、だれよりもよく知っている。そして、次のような結論に到達した。他人の遠隔操作は、相手の境地に沈むことのできる年齢の人でなければできない。

プロパガンダにも、たしかに原理や原則があるのだけれども、ドイツ人のようにいつでも原理や原則にしたがって宣伝していればよいというものではない。人間の心理には、あまのじゃく性などというものもあって、学問的には説明のできないような複雑怪奇な動き方をするからである。それであるから、結論的には、プロパガンダは、初めから終りまで応用問題だといえそうである。いいかえれば、プロパガンダは、コンピュータにからないことばかりで、コンピュータのもっとも不得手とする新しい創造と判断と決断の連続だからである。目に見えない敵国民の未来の心理が読めなくてはならないからである。ここまでいえば、プロパガンダが平均人間などにはとてもできない、超難事業であるということが理解されると思う。

『週刊朝日』昭和五十年十一月二十一日号に野村証券の北裏喜一郎社長は、「見えないものを見るのが経営者だ」といっておられ、また同誌十一月二十八日号には石川島播磨重工業の真藤恒社長が、「手は今日に当て、目は明日に向ける」といっておられる。この二つを読んでひどく感心した。それは、これが宣伝者の資格であり、かつ、心得だからである。「無限の可能性と無限の危険性のある明日を見るために目があるのだ」とは、名言である。戦時中は、実際に敵国の社会を見ることはできないから、複雑に動く敵国民の心理は、想像するほかに方法がない。そして、宣伝者の優劣は、どれだけ明確に敵国の大衆の心が目に浮かぶかということである。それゆえ、このことばをお借りしていえば、「見えないものを見るのが宣伝者だ」ということである。

宣伝決戦という思想は、第二次大戦ではついに不発に終わった。今次の大戦では、ヨーロッパでも太平洋でも、戦線の膠着状態という宣伝の出場《でば》が一度もなかったからである。それは、アメリカの実力が、前大戦のときとは格段と大きくなって、膨大な物量でドイツと日本を圧倒することが目に見えていたからである。それであるから太平洋戦争は、マラソンの往復戦争で、日本が初めの六か月で折返し点まで行き、戦争の中ごろからアメリカの巨大な力で押し返されてしまった、というだけで終わってしまったのである。

それにもかかわらずイギリスの宣伝者は、最初から宣伝決戦を予想して宣伝していたが、アメリカ、フランス、ドイツにはその徴候がぜんぜんなかった。それゆえ私は、これら大国の宣伝態度の極端なちがいはなぜ起きたのかということを考えぬいたすえに、次のような結論に到達した。

一、各国の国民性は、想像以上に本質的かつ根本的にちがっているのではあるまいか。

二、宣伝方針の選択は、この、まるでちがう国民性の好みによるもののようである。

三、プロパガンダは、他国と協調したり調和したりする必要がないから、国民性のちがいが丸出しになって表面に出てくるようである。

いずれにしても私は、どんな戦争のときでも、宣伝者は最初から宣伝決戦の思想をもち、その線に沿って宣伝を考えることが大切であると信じている。

プロパガンダは、一国に何人もいない超一流の優秀人が少数ですべきものである。彼らは、広範な知識と豊かな創造力をもち、超原理でも超原則でもできる人たちだからである。第一次大戦のとき、イギリス人だけがこのことをよく知っていたようである。というのは、私は両大戦をよく調べてみたのだが、宣伝家といって尊敬できる人はイギリスだけに三人しか見当たらないからである。すなわち、脱報道のノースクリフ卿、『世界文化史概説』の著者のH・G・ウェルズ、それにタンクの発明者スウィントン少将である。クルーハウスの少数精鋭主義は、宣伝者として適格者はごく少ないのだということをイギリス人が知っていたことを物語っている。プロパガンダというのは超難事業であるから、これら少数の超優秀人だけにしかできない仕事のようである。コンピュータさえあれば必要のなくなってしまうような平凡人間がこれをやると、インテリのやるゲームのようになってしまう。

これに関連してよく見ていると、イギリス人は偉い人をつくることが上手である。たいていの国では、偉い人ができそうになると、まわりで妬んで、足を引っぱる場合が多いようだが、イギリスでは、ある人がある業績をなすと、まわりの人たちが、「彼は偉い、彼は偉い」といって、偉い人に仕立ててしまう。そして必要なときに、その仕立てた人を適当な場所に据えて、国のために働かせるのである。それが国家全体のためであり、ひいては自分たちの利益になるということをよく知っているのだから、イギリス人は恐るべき政治民族である。クルーハウスの宣伝の大勝利は、予測できたことではないから、まぐれ当りといえるかもしれないが、大戦の終りの土壇場で適材を適所に据えることができたのであるから、その国民の人間選別力と押し上げ力に感心しないではいられない。当時、フランスやドイツにも数人の超優秀人がいたにちがいないと私は思う。しかしそれらの国民には、その人たちを適当な場所に押し出す能力がなかったのである。

第五章　第二次世界大戦の対敵宣伝

各国の放送宣伝戦

第二次世界大戦になって、新しい宣伝媒体が現われてきた。短波放送である。これが地球の上空を飛びかって、瞬時にして全世界のニュースをどこへでも伝えることができるようになったのだから、大事件である。この短波放送の受信の技術は、戦争直前のヨーロッパやアメリカではどんどん進歩していたが、遅れた日本でも、すでに述べたように、約二十台のアメリカ製の最新式受信機をぎりぎりに購入することができたので、外務省にラジオ室を設置し、先進国にあまり見劣りのしないリスニングポストをもつことができたのであった。

それでは、ラジオ室で聞いていた敵味方の短波放送はどんな内容のものであったか。私もラジオ室の渦のなかに一年一か月間いたのだから、だいたいのことは知っているけれども、細かいことは、その後の三十五年間にみんな忘れてしまった。それでこのたび、そのころ毎日傍受していた敝之館の卒業生数人にあらためて各国の放送の特徴を聞きなおしてみた。彼らの話してくれた、各国の宣伝放送の実態は、以下のようである。

イギリスのロンドンから送ってくるBBCの短波ニュースと解説が戦時中の敵味方の放送のなかでいちばん早く、かつ最も信用のできる放送であった。これが、ラジオ室で直接傍受していた、敝之館のアメリカ生れの二世たち全体の評価でもあった。BBCは、ニュース解説なども休むことなく一日二四時間の連続放送をおこなっていた。それゆえラジオ室でも、一日を三回に分けたBBCシフトをつくって、深夜から朝まで、常時、三、四人が傍受していた。

BBC放送の短波の周波数すなわちメガヘルツは、ラジオ室で傍受していただけでも、七メガ台、九メガ台、一五メガ台、一八メガ台、二一メガ台というふうに六チャンネルあって、毎日の時間帯によって、これらのちがう周波数のローテーションをつくっていた。

このBBC放送の特徴は次のようである。

一、ニュース放送の態度がまことに冷静である。

二、敵味方という感情を抜きにして、中立的態度で報道していた。

三、ニュースと解説の内容がじつにヴァライエティに富んでいた。

四、いろいろのニュースを組み立てた「ラジオ・ニューズリール」が面白かった。
五、いつも敵味方の新聞の論調を取り上げて、解説し、反駁していた。
六、事件が起きると、すぐその地域の元大使などにインタビューをして、事件の背景の解明につとめていた。
七、何事でも、専門家にすぐ語らせ、肉のある報道をしていた。
八、キングズ・イングリッシュのイギリス式のアクセントは避け、だれでもわかるような外国人向きの英語で話しかけていた。
九、全体としてイギリス式スタイルとでもいう、品位と風格のある客観的な放送をおこなっていた。

このように、イギリス人は、戦時でも、紳士の国の放送のように落ち着きはらって報道してくるのが特徴であった。アメリカ育ちの二世の全部が故国アメリカの放送よりもイギリスの放送のほうを信用するようになった。

太平洋戦争開戦の翌日、私は、一生忘れられないBBC放送を、メルボルンの河相公使の公邸で直接聞いた。それは、昭和十六年十二月九日の午後三時半ごろ（時差が一時間あるが）、東京の短波放送が「本日正午過ぎ、マレー半島沖で、イギリスの戦艦プリンス・オヴ・ウェールズ号と巡洋戦艦レパルス号の二隻を撃沈した」と報道してきた。

公使館員一同は、ビールで乾杯して喜びあったが、その晩の九時十五分にあるロンドンのBBCの中継放送がこれをどう報道するであろうかと、私はひじょうな興味をもって聞いた。そのニュース放送では、約十五項目のニュースを報道したのだが、その第三番目に、次のように発表した。

"The Admiralty regrets to announce the loss of Prince of Wales and Repulse this afternoon off Malay Peninsula, by bombing of the Japanese bombers."（海軍元帥府は……発表することを遺憾とします）

この大事件をBBCは、このように、中立国のような冷静な態度で報道していた。あとで考えてみると、この正直な態度は、イギリスの宣伝者がこのときすでに宣伝決戦の思想をもっていたからであると思った。

公使公邸のこのラジオは、開戦後一週間ぐらいでオーストラリア政府に取り上げられてしまったから、その後はBBC放送を聞くことはできなくなった。

次はアメリカのVOAであるが、これは敵アメリカの公式の見解を述べる放送であるから、当時の日本にとっては最優先の重要性をもつ放送で、ソルトレークシティ、サンフランシスコ、ロスアンゼルス等でだいたい同じ放送をしていた。彼らは、"Every hour, on the hour"（各時ちょうどにニュース放送を）をモットーにして、一時間ごとに必ずニュース放送をおこない、つづいて解説その他を放送して、ＢＢＣと同じく昼夜二四時間の連続放送をしていた。

また、放送に出る解説者としては、本名かどうかは知らないが、ウィリアム・ウィンター William Winter とかハリー・ウィカーシャム Harry Wickersham その他、毎日一〇〜一五分間ぐらいの解説をしていたものが数人いたし、また新聞記者の集中解説 Round up commentaries というのがあって、一つの問題について七人から一〇人の新聞記者が順番に三分ずつ解説するという番組もあった。このように、ＶＯＡはそれなりにいろいろ苦心をしていた。しかしこれをイギリスのＢＢＣとくらべると、次のようなちがいがあった。

一、一般的にいってＶＯＡは、ＢＢＣよりもおおげさで、センセーショナルに報道するきらいがあった。

二、たとえば、「敵の軍艦を沈めた」というときに、ＢＢＣは、"sank" とか "were sunk" とかいうが、ＶＯＡは "blast out" (ふっ飛ばした) というようにいった。

三、ＶＯＡのほうが、放送する人の敵愾心《てきがいしん》が表に出ていた。

四、ＶＯＡもいろいろ苦心はしているが、ＢＢＣにくらべると、放送にヴァライエティが少なかった。

五、昭和十九年十二月にB29の編隊が名古屋市北区大曽根の三菱発動機の大工場を爆撃したときに、VOAは即時放送で"Tonight everything is not o-key-do-key at Mitsubishi Hatsudoki."（今夜は、三菱発動機工場では、すべてのことがオーケー・オーケーではありませんね）とからかっている。BBCは、ユーモラスにはいうけれども、敵を揶揄することはけっしてしない。

太平洋戦争もだんだん終りに近づいてくると、もう日本には勝てるのだという気分がVOAにも出てきている。たとえば、日本都市の爆撃にしても、「いま日本の〇〇市をB29が二五〇機で爆撃している」というような、アメリカ人好みの即時放送をさかんにおこなった。これは、報道派アメリカの面目躍如としている。しかし考えてみると、爆撃の効果がどれほどあったかということがニュースの眼目なのだから、BBCはけっしてこの即時放送ということはしない。

昭和二十年五月にドイツが降伏すると、VOAは日本に向かって「無条件降伏」をさかんに放送し出した。そして、もし降伏しなければ、日本本土は想像もできないような、ひどい被害を受けるぞ、と脅してきた。そして最後の数週間には、三〇分ごとに「無条件降伏せよ」と放送してきた。

つづいてドイツであるが、今次大戦でドイツが英語でおこなったイギリス向けの中波放送と全世界向けの短波放送では、ロード・ホーホー Lord Haw Haw の放送が最も有名であった。これは、明らかにイギリス人とわかる英語で、ニュースと解説の放送をおこなったもので、自分自身を「ホーホー卿」と名乗っていた。戦後になってわかるのであるが、彼の本名はウィリアム・ジョイス Joyce, William（一九〇六〜四六）で、ニューヨーク・ブルックリンの生れで、アイルランドで育ったという変わった経歴の持ち主である。

戦時中、ベルリンのシャルロッテンブルクに放送館 Rundfunkhaus があり、そのなかにドイツ国の放送司令部があった。ロード・ホーホーの放送もここからおこなっていたようである。

その全世界向けの短波放送は、ベルリン市の南の郊外のケーニッヒス・ウスターハウゼンに近いツェーゼン Zeesen 送信所から送信し、イギリス向けの中波放送は、電話線で中継して、ハンブルク、ブレーメン、ケルンなどの町か、ときにはツェーゼン送信所か

ロード・ホーホーことウィリアム・ジョイス

ら放送していた。

この中波放送は日本では聞こえなかったが、短波放送のほうはよく聞こえた。外務省のラジオ室でこのロード・ホーホーの短波放送を毎日傍受していた敵之館の卒業生の話を聞くと、その特徴は次のようである。

一、ロード・ホーホーの声は、放送向きのよい声である。

二、BBCに聞き劣りしない、きれいな英語で話していた。

三、イギリス人のように簡潔で口早の話し方であった。

四、問題の提起の仕方が上手で、聞いていてけっこう面白く、効果があると思った。

五、イギリス人は「神かけて」というときに"By Jove!"とよくいうが、ロード・ホーホーもこれをよく使った。

六、イギリス式の皮肉やユーモアも自由に使って、いい返していた。

七、すなわち、BBCの放送を逆にいう。たとえば、BBCが「連合軍は○○方面で一〇マイル前進した」といくぶん誇張して放送すると、すぐ「一〇マイル後退したの間違いではありませんか」という。

彼は、毎日一五分間、短波で英語のニュース解説を全世界に向かって放送していたが、時間は正確には決まっていない。彼の出るのは、だいたい日本時間で夕方の六時～八時であった。彼のニュース解説の乗っている短波の波長は一五・四メガヘルツで、わざわざBBCの波長のごく近くにしてあった。これは、聴取者を間違わせることを狙ってやっていることは明らかであった。それゆえ、BBCだと思ってしばらく傍受していると、話がおかしくなるので、ロード・ホーホーにまたやられたと、あわててBBCに切り換えたとのことである。時間が不定だから、知っていても、つい騙されるのである。そんなわけで、「よくBBCだと思って、ロード・ホーホーを聞かされたものです」と、ラジオ室の傍受者たちは当時を述懐している。

このように、ロード・ホーホーの放送はなかなかスマートで、ドイツの宣伝としては上出来のほうであるが、一つ私の気に入らないことがある。それは、ヨーロッパ戦争の緒戦のころの一九四〇年五月二十六日〜六月四日、イギリス軍は大敗して、あわててダンケルクから本国に逃げ帰った。すなわち、ヒトラーは、フランス・イギリス両軍の分断に成功して、イギリス軍はヨーロッパ大陸から追い落とされてしまったのである。このときにロード・ホーホーは、放送で何といったか。

これは樺山君が教えてくれたのだと思うが、彼はイギリスに向かって、「みなさんは沈みつつある船に乗っている。みなさんの立場は絶望である。You are on a sinking ship, your position is hopeless.」と放送したのだそうである。これは、宣伝理論上、まことに愚かなことである。ドイツ人は、イギリス人にそう思わせたいのである。それゆえ、どういったらイギリス人はそう思うかというふうに宣伝者の頭は動かなくてはならないはずである。敵に思わせたいことを自分でいってしまうのでは、宣伝者としては落第である。しかし考えてみると、このときはロード・ホーホーが放送をはじめてからまだ数か月しかたっていない。それゆえ私は、これは彼自身のアイディアではなく、彼の裏にいたドイツ人の宣伝者が嬉しくなってついいわせてしまったことばではないかと想像している。

彼のことは、戦後に出版された『ロード・ホーホーとウィリアム・ジョイス』*Lord Haw Haw and William Joyce* by J. A. Cole, 1964 という本に詳細に書かれている。それによれば、彼の父はアイルランド人、母はイングランド人で、彼は一九〇六年四月二十四日にニューヨークのブルックリンで生まれた。父は二十歳のときにアメリカに移民して二重国籍でアメリカ人になり、イングランドからアメリカに渡ってきた母と結婚した。そして一九〇九年に両親は三歳のウィリアムを連れて、アメリカのパスポートでアイルランド西海岸のゴールウェー Galway に里帰りの旅行をしたが、この故郷が気に入ってそこに定住してしまい、二度とアメリカに帰ることはなかった。

それゆえウィリアムは、国籍はアメリカ合衆国であったが、本人はアイルランド人と

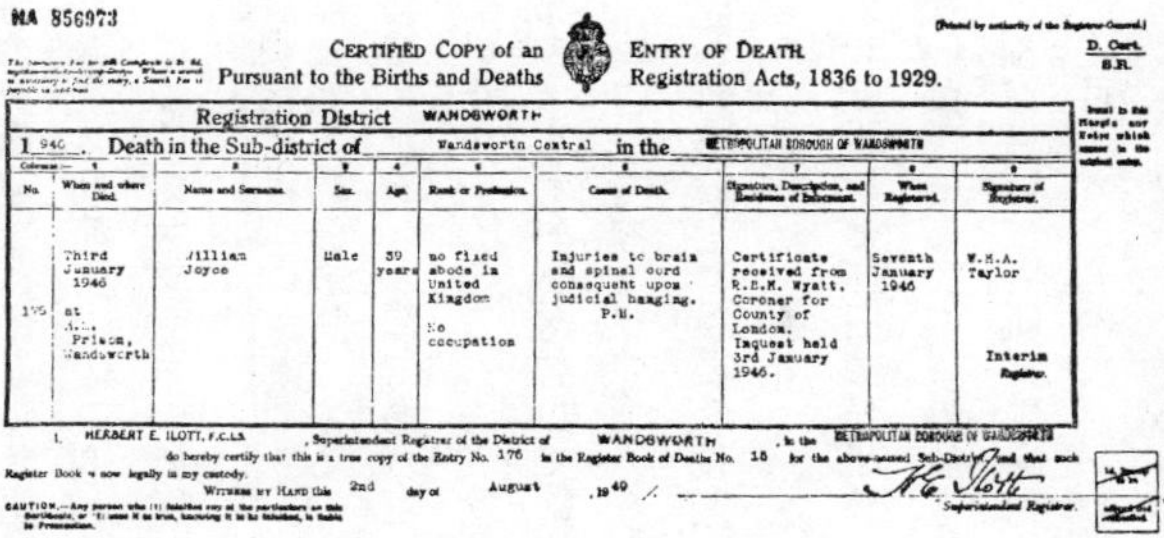

MA 856973

[Printed by authority of the Registrar-General.]

CERTIFIED COPY of an ENTRY OF DEATH.
Pursuant to the Births and Deaths Registration Acts, 1836 to 1929.

D. Cert. S.R.

Registration District WANDSWORTH

1946. Death in the Sub-district of Wandsworth Central in the METROPOLITAN BOROUGH OF WANDSWORTH

No.	When and where Died.	Name and Surname.	Sex.	Age.	Rank or Profession.	Cause of Death.	Signature, Description, and Residence of Informant.	When Registered.	Signature of Registrar.
175	Third January 1946 at H.M. Prison, Wandsworth	William Joyce	Male	39 years	no fixed abode in United Kingdom No occupation	Injuries to brain and spinal cord consequent upon judicial hanging. P.M.	Certificate received from R.E.M. Wyatt, Coroner for County of London. Inquest held 3rd January 1946.	Seventh January 1946	W.H.A. Taylor Interim Registrar.

I, HERBERT E. ILOTT, F.C.I.S., Superintendent Registrar of the District of WANDSWORTH, in the METROPOLITAN BOROUGH OF WANDSWORTH do hereby certify that this is a true copy of the Entry No. 176 in the Register Book of Deaths No. 18 for the above-named Sub-District, and that such Register Book is now legally in my custody.

WITNESS MY HAND this 2nd day of August, 1949.

H. E. Ilott
Superintendent Registrar.

ウィリアム・ジョイスの死亡証明書

思って育った。しかし兵役のときに問題が生じ、彼は一九三三年七月四日にイギリスに国籍を移して——イギリスは二重国籍は認めないから、アメリカの国籍を捨てて——軍務についた。彼は軍務を去って、当時、イギリスにあった黒シャツのファッシスト党 The British Union of Fascists に入党し、同志の娘と結婚して戦争直前に二人でイタリアに渡った。そして一九三九年九月にベルリンで仕事を探しているときに、偶然、ドイツの宣伝省の海外短波放送担当者のウォルター・カム Kamm, Walter に会い、彼に見出されて対英放送をすることになったのである。彼は、それ以前には放送の経験はなかった。

　戦後、彼は、イギリスに捕えられ、反逆罪で裁判にかけられた。その結果、第一審・控訴審ともに死刑の判決であった。

　彼は最後に上院に提訴したが、イギリスの社会は敵側の宣伝協力にはとくに厳しいので、提訴は却下され、一九四六年一月三日にウォーズウォース刑務所で絞首刑が執行された。行年三十九歳であった。

つづいてフランスの放送であるが、フランスの亡命政権は、自由フランス放送をもっていた。これは、ドゴール将軍を中心にした、ロンドンにあるフランスの亡命政権の英語による短波放送である。日本時間では、夜と早朝に一時間ぐらいずつ放送していた。当時、フランス領であったアフリカのコンゴのブラザヴィルからの放送であると名乗っていたが、そのころのアフリカは今日のように発展していなかったから、ほんとうに中部アフリカから送信していたのかどうか、私は疑わしいと思っている。

放送の内容は、「フランスは、ドイツにゲリラ戦を挑んでいる。それは、みなさんが思われる以上に重要な役割を果たしている」ということを聴取者に印象づけようとするものであった。一言でいえば、「レジスタンス・ニュース」である。それであるから、ゲリラ活動を詳細にわたって説明し、フランス側の小さな勝利でも細大もらさず報道していた。そして「この放送は、BBCにないニュースが大部分ですから、定期的にお聞きください」と訴えていた。

注目すべきものに、トルコのアンカラ放送があった。トルコは、当時、中立国ではあったが、親ドイツであったから、その角度から戦争の批評をおこない、自国の新聞論説を解説して繰り返し報道していた。またトルコの新聞は、世界各国の主要な新聞に載ったドイツに有利なニュースをたんねんに探し求めて引用していたから、トルコの短波放送は世界の親ドイツ論調の宝庫であった。それゆえラジオ室では、トルコ放送の新聞論評 Press comments だけは、欠かさず聞いていた。

ソ連のモスクワ放送も重要であった。が、内容はドイツ人の悪口ばかりであった。なにしろドイツの大軍が侵入してきているのであるから、平静な気持ではいられないのであろう。それゆえ、ニュースを読みながらも、ドイツ人が憎くてたまらないという感情がはっきり現われていた。もちろん、ソ独両軍の戦線については詳細に報道していたが、他の戦線の戦況についてのニュースはごく少なかった。また、モスクワ放送の一つの特徴は、女のアナウンサーが放送をおこなっていたことである。BBCでも女のアナウンサーはときどき放送したが、モスクワ放送のようにいつも女のアナウンサーだけを使うというところはほかにはなかった。それでモスクワの英語放送は、最後に、女の澄んだ声で"Death to the German invaders."（ドイツの侵略者に死を）というのがサインオフで、印象的であった。

ドイツ映画『オーム・クリューガー』

ここで、第二次世界大戦のときの放送以外の宣伝で目ぼしいものを三つほど挙げておこう。その第一は、ヨーロッパでの開戦後一年ほどして製作された、ドイツのトビス社の『オーム・クリューガー（クリューガーおじさん）』という映画である。これは、一八七〇年代に南アフリカのトランスヴァールに世界一の大金鉱とダイヤモンド鉱脈とが発見され、どんどん金が出るので、イギリスが欲しくなり、セシル・ローズ Rhodes, Cecil John（一八五三〜一九〇二）の暗躍もあり、トランスヴァール共和国とオレンジ自由国に住むオランダ移民の子孫であるブール人（またはボーア人）を理不尽に圧迫し、ついに一八九九年十月に戦争を仕掛けたことを題材にしている。

イギリスは、最初は簡単に勝てると思っていたのだが、両国の大統領を兼ねていたポール・クリューガー Krüger, Stephanus Johannes Paulus（一八二五〜一九〇四）の率いるブール軍は、「土と自由」をスローガンにして、勇敢に戦い、一般の予想に反して戦場でもゲリラ戦でも、イギリス軍をさんざん敗北させるのである。そして最後には、イギリスはカナダ・オーストラリア・ニュージーランドの連邦軍の参加を得て、将兵四五万人、馬五二万頭という気違いじみた大軍を南アフリカに集め、村落を次々に焼き払う

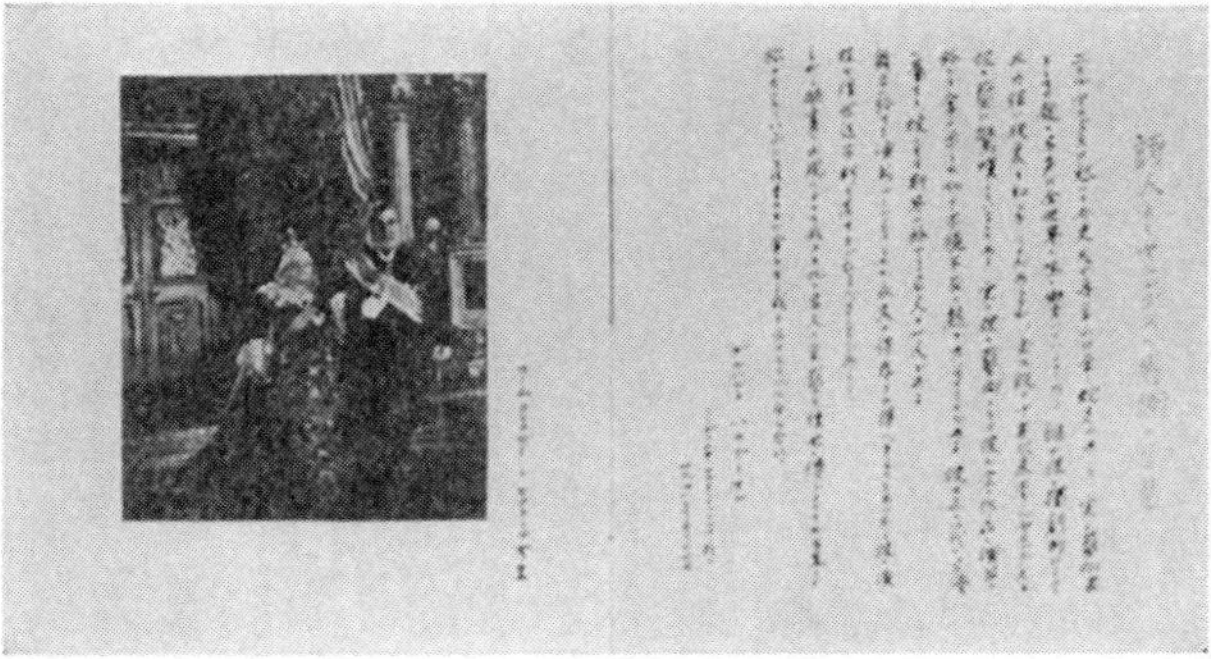

映画『オーム・クリューガー』のカタログより

という乱暴な方法で、わずか数万のブール軍を圧倒し、一九〇二年五月に二年七か月ぶりに勝利をおさめて、トランスヴァールとオレンジ二国を南アフリカ連邦の州にしてしまうのである。これは、西の阿片戦争といわれた、少しも正当な理由のない典型的な帝国主義の非道な戦争であったから、世界じゅうからイギリスが非難された。

　このトビス社の映画では『嘆きの天使』（一九三〇）で女優のマルレーネ・ディートリヒと共演して有名になり、当時、トビス社の重役であった名優エミール・ヤニングス Emil Jannings（一八八四～一九五〇）が総監督となり、かつ彼がオーム・クリューガーを主演している。

　私はラジオ室にいるときに東京で観て、名画でもあるが、それよりもイギリス非難の宣伝映画としてまことに優秀なので感心した。

映画のなかに、イギリスのヴィクトリア女王とソールズベリー内閣の植民相ジョセフ・チェンバレンが話している場面がある。女王が、「そんな理屈の立たない戦争をしてはいけないではないか」という。チェンバレンが、「しかし、たいへんたくさん金が出ます」と答える。女王は、「なに、金がそんなにたくさん出るのか。それでは話は別だ」という。私は、いまでもこの場面をよく覚えている。もっとも、それは、いまも私が持っている、この映画のベルリンで作った日本語のカタログに、この場面のスティールが載っているからではある。この日本語のカタログは、ドイツには日本の活字がないので、全部手書きであるが、豪華な出来であった。いずれにしても、平時ではイギリスに遠慮してとても取り上げられない南阿戦争の真相に正々堂々と取り組んでいるのだから、見ごたえがした。しかし対敵宣伝の下手なドイツ人のことであるから、この映画も対敵というよりも対同盟国や対中立国に強い影響を与えたと思うのである。

アメリカ作の日本語新聞と伝単

太平洋戦争中に、敵側がつくって前線の日本軍に空からまいていた日本語の新聞形式のものには、次のようなものがある。

『時事週報』（手書き、ブリスベン米国陸軍総司令部）

『南太平洋週報』（手書き、ブリスベン）
『落下傘ニュース』（活字、マニラ米軍司令部）
『マリアナ時報』（活字、ハワイ）
『琉球週報』（手書き、沖縄）

これらについては、『秘録・謀略宣伝ビラ――太平洋戦争の紙の爆弾』（鈴木明・山本明編著・一九七七年十二月十五日発行）に実物の写真がたくさん掲載されている。それに合わせてこの本には、敵側が散布した『漫画伝単』と『文章伝単』がたくさん収録されている。それらのうち、戦時中に私の見たものもあるが、ほとんど知らないから、すべてこの本に譲ることにして、ただ一つ、参謀本部駿河台分室の伝単部でみんなで論議した連続漫画『運賀無蔵《うんがないぞう》』についてだけ述べておこう。

これは、運賀無蔵という、日本の一兵士を主人公にした連続漫画で、アメリカ側で作成し、太平洋戦争になってから日本軍の前線に散布したものである。そのストーリーは、母子二人楽しく暮らしていた運賀無蔵は、日中事変の勃発とともに召集され、軍人の最下級の位である二等兵として前線に送られる。軍隊内では、将校は何でも手に入るが、兵士には骨箱と位牌しか与えられない。ところが要領のいいのがいて、どんどん進級してゆく者もいるし、また縁故をたどって戦死の危険のない特務機関に転属されていく者もある。運賀無蔵は、進級も人より遅いし、特務機関に知合いなどないから、相変わらず前線で苦しい労働をし、戦死におびえながら戦闘をつづけている。

南京攻略のときに、たくさんの戦友は「天皇陛下万歳！」を叫んで戦死し、みんな四角な木の箱に骨になって入ってしまった。運賀無蔵は、この戦いで好運にも戦死はまぬかれたが、負傷してしまった。病院のベッドの上で彼は考えている。「母から自分を奪ったのはだれか」「だれがおれの生命を踏台にするのか」「おれは、はたして天皇陛下万歳と叫んだだけで死ねるだろうか」……。運賀無蔵の連続漫画のストーリーは、だいたいこのようなものである。

これは、日本人に親しみをもたせる目的で毛筆で書いてあるが、執筆画家は八島太郎だといわれている。しかし、駿河台分室伝単部の漫画家さんたちの話では、それはペンネームで、本名は岩松淳という共産党の漫画家で、戦前に軍部の圧迫を逃れてアメリカに亡命していった人に間違いないとのことであった。それで、この『運賀無蔵』の漫画について、伝単部の人たちと次のような分析をおこなった。
一、毛筆で書けば日本人が親しみをもつと思ったのは、時代遅れである。毛筆の漫画を見ると、当時の日本人でも昔の新聞漫画を思い出す。
二、将兵離間の狙いはわかっているが、宣伝論法の展開が冗長で、ときどき、相手に思わせたいことを自分で先にいってしまうきらいがある。

三、日華事変を背景にした漫画を、太平洋の前線にまくとは、不勉強かつ無神経である。

四、ニュースの報道ばかり多いアメリカ側の宣伝のなかでは、情緒的ではある。

五、岩松氏は共産主義者であるから、アメリカ側に心から協力する気がなかったのではあるまいか。それが、この漫画の不出来な理由ではあるまいか。

このときの意見に、いま少し付け加えると、運賀無蔵の内容は、戦前の日本で岩松氏たちが描いていたことと同じであり、彼を強制して使っていたアメリカの軍人は、日本の事情を知らないので、毛筆で書けといったのではあるまいかという推測であった。

聞いた話によると、アメリカがナチス占領下のフランスに向けて散布した伝単（ビラ）は、対敵ではないのだが、フランス人の心理をよく知って書いた豪華なものだったとのことである。これを、当時の日本人の気持など少しも考えないで書いた日本向けの伝単にくらべると、その宣伝態度がひどくちがっていたようである。ワシントンのペンタゴンは、「日本には武力で勝てる」という十分な自信があったので、対日の宣伝戦は軽視していたのであろうか。

イギリスの傑作『軍陣新聞』

参謀本部駿河台分室で「日の丸アワー放送」をしていたときのある朝、恒石参謀が一枚のタブロイド判二ページの日本語新聞を持って来て、私に見せてくれた。手にとってみると、『軍陣新聞』第五十六号とあった。私は、最初、どこかの前線の日本軍が発行している新聞だろうと思ったのだが、発行所を見ると、それはデリーである。おや、それではこれは、イギリスのつくったものだなと思った。恒石少佐は、「これは、敵がつくっている週刊新聞で、飛行機でビルマのわが方の前線に毎週まいてくるものですが、よく出来ているので、感心しているのです」とのことであった。

これは、伝単やちらしの類ではなく、イギリス式のリーフレット宣伝である。タブロイド判であるから、けっして大きくはないが、日本の活字を使い、一応ちゃんと新聞の形体を整えている。表ページの上段には「戦争はどうなるか」という論説があり、静かな調子で、日本軍の非常な努力にもかかわらず、最近の前線の戦況がだんだん日本の不利になってゆくということが、真実はこうであるという調子で客観的に書いてある。それにつづいて各戦線での戦況が、連合軍にいくぶん有利なように報道されている。このページの中央の少し下に、一枚の写真が入っている。それは、戦死者の棺の前にろうそくが二本立っている、まことに粗末な安置の姿である。そして、その下に、「タラワ島で勇敢に戦って戦死した日本の兵士」とだけ書かれてある。これによって、戦死のみじめさと戦死者が粗末に取り扱われていることとを示そうとしている。右の下の隅に「連合国の日本語放送」という表があって、ロンドン、サンフランシスコ、オーストラリア、ニューデリー、重慶などからおこなわれている一四の日本語の短波放送の放送日本時間と周波数が書かれている。

裏面を見ると、表面とはちょっと趣がちがう。いちばん目をひくのは、中央下部の写真である。二人の日本人が畑を耕している写真である。その下に、「楽しく暮らしている日本人の俘虜たち」と書いてある。この写真は、表側の写真の真裏になっているから、この新聞がちぎられて小さくなっても、この部分さえ残っていれば、表裏だけでりっぱに宣伝論法になるようになっている。すなわち、「上官からいわれたとおりに本気で戦い、戦死した人は、お棺にはいり、俘虜になった人は、日光をあびて、楽しく畑を耕している」と、この二枚の写真は語りかけている。どこにも、降伏を勧めるような文章は書いてない。日本の兵士は、降伏よりも死を選べと、強く教えられていることは、天下衆知である。そしてそれは各戦場で実行されているから、日本では一般国民も日本人の俘虜は一人もいないと思い込んでいる。この日本兵士のいちばん強固な点に向かって、この二枚の写真で敢然として宣伝攻勢をかけてきているのである。

いま一つ、私が感心したのは、裏側の上段にある「社説」である。その表題は「軍人より軍人へ」というので、その論旨は次のようである。

「この新聞には、間違いが多いから〔実際には、小さな間違いが三つほどしかない〕、日本人は笑うであろう。しかし、軍人は笑わない。なぜなら、これは、軍人が書いた新聞だからである。連合軍の軍人と日本軍の軍人は、いまは不幸にしておたがいに戦っているけれども、軍人として勝利の喜びを味わい、敗北の苦しさを経験するので、その心はおたがいによく理解できるのである。日本軍は、最初は勝利に次ぐ勝利で、ひじょうな前進をしたが、最近は連合軍の力に押されて、しだいに後退をしている。日本軍の将兵はまことに勇敢で、世界の人はその勇気を賞讃している。しかし、このごろのように日本側の戦況が不利になってくると、日本軍の将校がその兵士たちに対して、無理な攻撃を強いることはないのだろうか」

このような論旨で、あるいは静かに説得し、あるいは議論をして、その社説を次のように結んでいる。

「ことによると、諸君が上官から聞かされていることよりも、この新聞に書かれていることのほうが、真実であるかもしれない」

恒石少佐と私は感心して、このデリー発行の敵側の新聞を読みふけった。二人が感心した点を列挙してみると、次のようである。

一、結論をけっしていわず、相手に結論を考えさせるという原理を忠実に守っている。

二、「降伏しろ」とはいわない。戦死した人と降伏した人との写真を表裏で見せただけである。

三、「日本語放送を聞け」とは書いていない。ただ、日本語放送がこれだけあると表を示しただけである。

四、「上官のいうことが嘘で、この新聞のいうことがほんとうだ」とはいわない。「そうかもしれない」といっただけである。

五、「日本は敗ける」とはいわない。「最近はたいへん押されぎみで、調子が悪いですね」といっただけである。

六、新聞全体に冷静な空気がみなぎっている。敵兵士の戦場での異常心理を鎮静させようという、イギリス流の伝統的な理論をちゃんと守っている。

七、戦争の現段階での日本将兵の心理をよく読みとっている。

八、その論法の創造的で、それを生み出す頭の柔軟なことは、驚くばかりである。

九、じつにりっぱな日本語で、論法はイギリスの宣伝屋が考え、文章は日本人が書いていることに間違いないと思った。

彼らは、「宣伝とは、他人に影響をあたえるように、物事を陳述すること」というクルーハウスの宣伝の定義をそのまま実行しているのである。

「私はこれを読んで、ひじょうに感心しました。もしこれを、太平洋戦線の各戦場にばらまいたならばと思うと、ぞっとします。これは、日本軍の士気に、たしかに悪影響を及ぼすと思われるものです。これが、敵の武力のあまり強くない、ビルマ方面なので幸いです」と恒石少佐はいわれた。

「イギリス人は、リーフレット宣伝では、世界各民族のうちで飛び抜けて優秀な天才ですね。宣伝放送では、どうだかしりませんけれども」と私は答えた。

「じつは、この日本語放送の表のなかに、われわれの知らない波長が一つあったのです。ですから、すぐにその放送を聞くように、参謀本部内部の短波傍受室に命令しました。たしかに私の行動は、この『軍陣新聞』の記事に影響されたのですね」と恒石少佐がいうので、二人で笑った。

この『軍陣新聞』の第五十六号を私は失ってしまったけれども、幸いなことに、すでに述べた『秘録・謀略宣伝ビラ』に同新聞の第六十二号、六十三号、六十八号、七十一号、七十四号が載っているし（一〇四～一一〇ページ）、その解説もされている（一六一ページ)。

この『軍陣新聞』は、イギリスが第一次世界大戦の緒戦のときに飛行機からまいた『ベカントマッフンク』とその形式や編集方針がひどく似ている。そのことには、私は戦時中から気づいていたのだが、戦後、よく調べてみると、『ベカントマッフンク』の発明者のスウィントンさんは、このときにはまだ生きておられたので、彼は太平洋戦争が終わってから約五年半して、一九五一年一月十五日に八十三歳で亡くなられた。それゆえこの『軍陣新聞』をはじめるにあたっては、イギリスの諜報一家の若手がスウィントン大先輩の講義を受けて、その孫弟子ぐらいがデリーに飛んで、これをつくったのだろうと私は思うのである。

もし私に「『ベカントマッフンク』とはどんなものですか」と聞く人があるならば、私は、「それは、写真のない『軍陣新聞』です」と答える。それは、三十年の時差はあっても、同じ人の頭から出た同じ方針によって編集された対敵新聞だからである。

平時の激烈な宣伝戦

最後に、平時の謀略宣伝戦について述べてみよう。各国で戦時中に謀略宣伝をしていた人たちは、戦後は何をしているか？　あのすさまじい各国の戦時宣伝を見てきた私は、彼らが平時になったからといって、おとなしくしているはずはないと思った。案の定、「雀百まで踊り忘れず」の諺のように、欧米では彼らはひきつづき、ものすごい謀略宣伝戦をしているのである。ことにヨーロッパでは、各国がみんな生き残るために必死だから、ヨーロッパに住んでみればだれでも気がつくが、新聞に載らない棘のある小咄やオブラートにつつんだ皮肉や誹謗がパーティや町角で口から耳へと飛びかっている。

この「小咄」のことを英語でもフランス語でもドイツ語でもロシア語でも、綴り字は少し違うけれども、みんな「アネクドート anecdote（ギリシア語 an-ékdota）」という。そしてギリシア語いらいの意味は「公表されていないこと」というのである。日本でいえば、国際的と国内的とのちがいはあるが、徳川時代の落首に似ている。

ヨーロッパの社会でパーティに招かれて行くと、座興としてたいていこのアネクドートの一つや二つは聞かされる。西ヨーロッパで、戦後、このアネクドートの肴《さかな》にされるのは多くソ連であって、たとえば、「ソ連では新聞は官報のようで、肉のある報道が少ないので、朝起きてみると、真実を伝えるアネクドートが、紙に書いて庭に落ちているのだそうですよ」といったぐあいである。これはソ連版の落首である。

また、いまのヨーロッパでは、日本についてのアネクドートもたくさんある。たとえば、「私は一国の総理大臣と会っているつもりだったが、私の前に坐っていたのは、トランジスタ・ラジオのセールスマンであった」(ディスカールデスタンがいったという)。また「日本人はエコノミック・アニマルである」「日本人は兎小屋に住んでいる」なども、みんなこの種のもので、悪意に満ちている。

アネクドートも、口コミやひそひそ宣伝の一種であろうが、ヨーロッパでアネクドートというときには、いまではだいたい他国に対する皮肉や誹謗が含まれているものが多いようである。しかしそれとは別に、口コミによって、新聞には発表できない国民内部の秘密伝達をすることもある。

口コミといえば、いまでも思い出す古い話がある。私は一九三二年八月五日にロンドンに着き、その年の秋からオックスフォードに住んだ。そのとき、東大の言語学で一年先輩だった高津春繁《こうづはるしげ》君がベリオル・カレッジに寄宿してギリシア語の勉強をしていた。私も翌年十月から同じカレッジに入学するのだが、当時は満州事変が一九三一年九月十八日からはじまっていたから、イギリスの新聞、ことに『ザ・タイムズ』は、毎日のように日本軍の満州での行動を報道し、日本を強く非難していた。そのころ、高津君の話によると、カレッジの彼の部屋のある階段の掃除ばあさんが、手招きして高津君を部屋の隅に呼んで、小声で、「いまイギリスは、日本と喧嘩しては損だそうですよ」といったとのことである。

そんなことは、新聞には一行も書いてない。いや、その反対で、新聞では、日本人は侵略者だ、約束を守らない人間だということが、あらゆる角度から報道されていた。そういう時期に、口コミで国の本心がこんな末端にまで伝わっているとは、イギリス人とは恐ろしい人びとだと高津君と二人で話し合ったものだ。イギリスでは「建前は新聞で、本音は口コミで」というルートができあがっているようであった。

ここで、平時の激烈な謀略宣伝戦の例を、二、三述べておこう。

その一つは、第一次世界大戦後にヨーロッパにできた国際連盟という檜舞台で大活躍をした、当時の新興国チェコスロヴァキアの大統領マサリック Masaryk, Tomáš Garrigue（一八五〇〜一九三七）のいったことばである。

「ソ連が共産主義だって？　あれは、ツアー時代の軍服を裏返して着ているだけだよ」と彼はいった。これなどは、いまも残る名言である。もしソ連が「裏返しではありません」と否定すれば、「それではツアー時代の軍国主義のままですか」といい返されるから、否定することができない。

しかもおどろくべきことに、このことばはそれから五十数年たったいまもまだソ連の批判として生きている。それは、マサリックが、ソ連とソ連人の本質を鋭く見ぬいていったことばだからである。今日までにこの宣伝句がソ連のイメージに与えた損害ははかりしれない。超大国であるソ連の隣りに新しくできたばかりの小国の大統領として、よくもこんな大胆なことがいえたものだと、感心するのである。彼なども、一流の宣伝家のなかに数えられるべき人だと思う。彼は、一九一八年、建国の父としてチェコスロヴァキア共和国の初代大統領に選ばれて、四期一七年間、大統領をつとめた。

もう一つ、一九五六年二月にモスクワで第二十回ソ連共産党大会が開かれたとき、新書記長になったフルシチョフが有名なスターリン批判をおこなった。その後すぐ、次のような小咄が流れはじめた。フルシチョフの演説が終わると、一枚のメモがフルシチョフの手許にとどいた。それには、「なぜスターリンが生きているうちに、そういわなかったのですか」と書いてあった。フルシチョフは、それを読みあげて、「このメモにはサインがない。だから、いまみんな下を向いているから、書いた人は手を上げてくれ」といった。しかしだれも手を上げる人はいなかった。フルシチョフは、「私も同じ気持だった」といったというのである。

しかしこの話には、大きな弱点があった。フルシチョフのスターリン批判は、実際には大会の演説でおこなったのではなかったからである。それは、その後で深夜に開かれた秘密幹部会でおこなわれたものであった。それであるから、この事実が一般に知れわたるようになると、このアネクドートもその説得力が弱まっていった。

さらにもう一つ、私が西ドイツのデュッセルドルフにいたときに、東ドイツで一つの事件が起こった。一九六五年十二月三日、東ドイツのナンバー3といわれていた国家計画委員会 die Staatliche Plankommission の委員長であったアペル博士 Apel, Dr. Erich が事務所でピストル自殺をしたのである。彼は、炭坑労働者の息子で、筋金入りの共産党員であった。一九五五年に閣僚になり、一九六三年から閣僚会議議長をつとめた人である。この事件の原因は、次のようである。彼の自殺の前日の十二月二日にウルプレヒト第一書記とナンバー2の二人でソ連との会議に出席して、アペル博士が反対していたらしい一九六六〜七〇年の五か年間の長期貿易協定議定書にサインしてしまった。これによって、次の五か年間に東ドイツがソ連から輸入する石炭・石油・鉄などの主要物資の数量と単価が決まってしまったのである。

このアペル博士の自殺を見て、西ドイツにいた西側の謀略宣伝屋は小躍りして喜んだ。そして、すぐ次のようなアネクドートを作成して、ロコミ情報として大々的に流した。

「ドクター・アペルは、今回の長期貿易協定に強く反対したのだが、入れられず、自殺したのである。彼は自殺するまえに、次のような手紙を書いて、西ベルリンのブラント市長（のちに首相）に送った。

一、私の自殺は政治的な自殺である。

二、こんどの協定は、ソ連の利益のために東ドイツが犠牲になっている。
三、これでは、東ドイツの順調な経済復興はおぼつかない。
このためドクター・アペルの自宅は、警官が厳重に警戒し、家宅捜査をしているそうである」

これは、なかなか上手にできているし、西ドイツでこの情報があまりに広範囲に流れたので、東ドイツ側も仕方なく、「ドクター・アペルは、過労のためピストル自殺をした」とだけ新聞報道した。十数年たったいま、東ドイツの経済発展の様子を眺めてみると、一九六八年八月二十一日のソ連軍のチェコスロヴァキア侵入によるドプチェク第一書記の失脚いらい、共産圏の工場としての重点がチェコから東ドイツに移ったということもあって、東ドイツの経済復興はあの当時考えたよりもずっとよくなっている。すなわち、この西側の小咄は誇張した宣伝であったということである。

ヨーロッパ破壊株式会社

ここに、平時の謀略宣伝についての恐ろしい本がある。それは、昭和四年発行の新潮社版の『世界文学全集』第三十八巻「新興文学集」に載っている、ユダヤ系ロシア人のイリヤ・エレンブルグが第一次世界大戦を見て一九二三年に書いた『トラストD・E』

である。訳者は、「イリヤ・エレンブルグは、数ある現代ロシア作家中でもその奇抜な想像力で有名で、この『トラストD・E』はエレンブルグの小説のなかでも、奇抜な構想と痛快な内容とをもった優れた作品で、物語は、主人公エンス・ボードのヨーロッパ滅亡の画策とその実行とに終始している」と説明している。

この小説の筋立ては、モナコ王の落胤《らくいん》としてオランダのテクセル島に生まれた主人公のエンス・ボードが、アメリカに渡り、鋼鉄王のジェブス、石油王の息子ハルダリー、缶詰王ツワイブドの三人に、それぞれ、「あなたの会社の製品が売れなくて困っているのでしょう。その理由を知っていますか。それは、ヨーロッパがあるからです。あれを全部壊してしまえば、よく売れるようになります」と説く。そして、大金を出資させ、トラストD・Eすなわちヨーロッパ破壊株式会社 Trust for the Destruction of Europeを設立し、彼自身が専務になって大活躍するのである。しかし表面では、会社の名をデトロイト土木トラストDetroit Engineering Trustと名を偽って、ヨーロッパ各国にトラストD・Eの支店をつくる。そして一二年間に、経済恐慌、チキタという奇病、奇薬、殺し合い、革命などで、イタリア、ドイツ、イギリス、フランスなどで人間がどんどん死んでいって、国は亡び、最後にはソドム、ゴモラのように、ヨーロッパは人のいない荒野になってしまい、エンス・ボードはそのなかで死んでいくというものである。

この『トラストD・E』は、一見、荒唐無稽の話のようであるが、武器を使わないで国々を亡ぼすなどということは、宣伝屋にとっては魅力満点なので、私は駿河台分室で対米俘虜放送に利用しようと思って、ずいぶん考えてみた。もし「日の丸アワー」がヨーロッパ向けの放送であるならば、そのまま米欧離間に使えるのであるが、対米に使う知恵はとうとう出てこなかった。

このエレンブルグの小説は、アメリカ人もヨーロッパ人もみんな知っているのであるから、最近の日本経済の予想以上の高度成長を見れば、彼らがトラストD・Jすなわち日本破壊株式会社を秘密のうちに設立したとしても、不思議ではない。それは、エンス・ボードの子孫が世界の工業国をまわって、「あなたの国の製品が、なぜ最近売れなくなったのか知っていますか。それは、日本があるからですよ」と、いまでもささやいているにちがいないからである。

日本人は、こういう国際的なことには不馴れであるから、多くの方が「まさか」と思われるであろう。が、その「まさか」なのである。日本の首相のことを「トランジスタ・ラジオのセールスマン」といったり、国民全体を「エコノミック・アニマル」とよんだり、「兎小屋の住人」などというのは、トラストD・Jの支店が広く世界各地にあることを物語っている。「そんなデタラメがあるものか」といわれる方があるならば、動かぬ証拠を出さなければならない。

アメリカの未来学者と自称するハーマン・カーンが、「二十一世紀は日本の世紀になる」といった。彼は、日本の味方なのか。敵なのか。私のような戦時中にプロパガンダをやった人間には、直感的に、彼はトラストD・Jの手先であるまいかと思われる。彼は、「日本の経済をこのまま成長させると、二十一世紀は日本の世紀になってしまうぞ」と、アメリカ人とヨーロッパ人に対して警告しているのである。われわれ謀略宣伝屋は、こういう場合、「ぞ」を消して、「日本の世紀になる」と言うのである。だから宣伝屋なら、「ぞ」がなくても、「ぞ」が読めなくてはだめなのである。眼光紙背に徹するとは、この目のことをいうのである。

いったい、二十世紀とは何だったのかを、静かに振り返って考えてみよう。二十世紀とは、ドイツ袋だたきの世紀だったのである。すなわち、ヨーロッパ一、ひいては世界一になろうとしたドイツと、それを必死で食い止めようとしたアメリカ・イギリスとの、国の興廃をかけての激突だったのだ。そのただ一つのテーマのために、二十世紀の四分の三は全世界がきりきり舞いをしてしまったのではなかったか。ドイツは、二十世紀をドイツの世紀にしようとし、アメリカ・イギリスはそれに猛反対して、みんなを誘って袋だたきにしたのである。もし仮に――ほんとに仮にですぞ、この世界が、ドイツの世紀か、日本の世紀かの、どちらかにならなければならないという場合が来たとすると、欧米人は、間違いなく気心のわかったドイツの世紀を選ぶであろう。しかしそれさえも阻止しようとして、二度の世界大戦をして、膨大な犠牲をはらって死闘したのである。それゆえ、日本の世紀が来ると聞けば、欧米人は、それだけで胆をつぶすにちがいない。彼らからすれば、思うだに身ぶるいのすることである。

ことにヨーロッパ人は、八世紀にイスラム教徒がスペインを征服したのちに、フランク王国に侵入してきたときの故事を思い出すにちがいない。あのときヨーロッパ人は、イスラム教徒にヨーロッパ全土が踏みにじられるのではないかと心配した。が、さいわい、カール大帝の祖父カール・マルテルが、七三二年にパリの南三〇〇キロのトゥールとポアチエの中間でイスラム軍を決定的に打ち破り、やっとその進出を食い止めることができたのである。実際、ヨーロッパ人にとって、「日本の世紀が来る」とは、あのときいらいの大事件である。

このような事情であるのにもかかわらず、日本人は、このハーマン・カーンのことばを聞いて、何を勘違いしたのか、日本が褒められたと思ったのである。それで、総理大臣が彼に会い、日本の新聞もテレビも警戒論など少しもいわなかった。これは間違いなく、戦後三十五年間に起こった世界十大珍事件のナンバー1である。日本人のとんちんかんも、ここまでくればあきれるばかりで、怒りさえ感じる。宣伝戦では、武力戦の場合ほどに敵味方は明確ではないが、敵を味方と間違えると負けることは、同じである。

この敵の強い決意を見て、われわれは、あのときに高度成長の警戒をはじめるべきだったのである。静かに、その後の現実の推移を考えてみなさい。オイルショックという大事件もあったけれども、ハーマン・カーンが警告した方向に世界はどんどん動いている。そして彼ら欧米人は、いま、自由貿易主義などという古い念仏では打ち破れないような壁をつくっているのである。いまの日本人で、「二十一世紀が日本の世紀になる」とほんとうに信じている人が一人でもいるだろうか。これは、平時の謀略宣伝の恐ろしさをしみじみ感じさせられた事件である。

ヨーロッパに住んでみると、大国も小国も必死になって生き残ることに苦心している様子がよくわかる。ことに小国は、隣国のことばを勉強して各国の新聞を読み、彼らが何を考えているかについてとても敏感である。生き残るためには相手の心を深く読み、その本心を知らなければならないからである。

この点、最果ての島国に住む日本人は、鎖国的で、鈍感である。しかし大国は、ハーマン・カーンのように、平時でも悪知恵をはたらかせて、世界的なスケールで謀略宣伝をしてくるのだから、油断は禁物である。

彼らがなぜ国家間のプロパガンダにそんなに熱心なのかというと、プロパガンダのほうが武力戦よりもずっと安上りだからなのだ。それであるから、日ごろから彼をよく知り己れをよく知って、その場合場合に対処しなければ、世界の民族闘争で勝ち残ることはおぼつかない。自分たちの無知により、敵の口車に乗って、国民みんなが大損をするようなことは、ばかげたことだからである。

付録　『対敵宣伝放送の原理』

この『対敵宣伝放送の原理』は、戦時中の昭和十七年十一月から十八年五月までの七か月のあいだに、私がまだ外務省ラジオ室にいたときに、室長の樺山資英君と議論しながらつくった二人の合作である。文章はみんな私の書いたものであるが、アイディアは二人で出し合い、樺山君が古い『ショートウェーヴ・ニューズ』などの資料を探し出してきて、二人で検討してつくったものである。

この『対敵宣伝放送の原理』は、昭和十八年十一月三日に参謀本部駿河台分室が開設されたときに、分室の最初の仕事として三〇部ほどタイプ印刷した。さいわい、そのうちの一部だけ今日まで残っていた。

原文は、漢字が多く、片仮名なので、いまではまことに読みにくいものであるが、資料であるから、そのまま印刷することにした。

もともとは、表紙がついていたのだが、敗戦後、これを一部隠すときに目立っていけないと思い、破りすててしまった。その表紙には、次のように書いてあった。「昭和十八年十一月、対敵宣伝放送の原理、参謀本部駿河台分室」。そして表紙の裏には、「本稿ハ、ナホ推敲ノ余地アルモ、対敵宣伝者ノ参考トシテ印刷スルモノナリ」と記されていた。この文章は、浜本純一中尉が書き加えたものである。

目次

一、はしがき

1　本稿ハ現在日本ニテ行ハレツ、アル非科学的ナル対敵宣伝放送ニ飽足ラズ、之ヲ科学的ニセントテ執筆セルモノナリ。

2　本稿ハ最初「対敵放送ノ原理」ト題シテ一四章ヨリナル一本ヲ作製セント試ミタルモ多忙ノ為、ソノ志ヲ得ズ殆ド各章トモ未完成ニシテ僅カニソノウチノ一章ヲナス本稿ノミ完成セリ。

3　シカリト雖モ、本稿ハ「対敵放送ノ原理」ノウチニテ最モ中枢ヲナシ、カツ興味アル部分ナリ。

4　本稿ノ大部分ハ聊カ旧稿ナル故ソノ発表ヲ憚リキタルモ、本稿ノ内容ニ関スル論議各種会議ノ席上に於テ繰返シ行ナハルルヲ以テ、対敵宣伝者ノ思想統一ノ一助ト思ヒ印刷ニ付スル次第ナリ。

二、放送戦術

戦争ヲ行フノニ戦略ヤ戦術ガアルヤウニ、対敵宣伝放送ニモ謀略ヤ戦術ガアル。放送戦術トハ、敵ニ対シテ一定ノ放送方針ガ定マリ、如何ナル目的ヲ以テ如何ナル内容ノコトヲ放送スルカトイフコトガ定マッタ時ニ、之レヲ如何ナル方法デ放送スルノガ最モ効果的デアルカトイフ駈引ノコトデアル。

之レヲ例ヲ挙ゲテ述ベルト、敵ニ今コノ魚ヲ喰ハストイフコトハ決定シタノデアルガ、タヾソレヲ刺身デ喰ハスカ、焼魚デ喰ハスカ、煮魚デ喰ハスカ、或ハ吸物ノ中ニ入レテ喰ハスカトイフ問題デアル。コレニハ敵ノ食欲ノ様子ヲ常ニ研究シテヰナケレバナラヌコトハ勿論デアル。ツマリ焼魚バカリ喰ハスト敵モ飽キテ食欲ヲ失フ。常ニ同ジ手ヲ使フト敵モソノ手ハ桑名ノ焼蛤トクル。コノ辺ノ駈引ガ放送戦術ノ最モ困難ナトコロデアル。

放送内容ガ何時モ魚ノ様ニ美味ナモノナラ戦術モ楽ナノデアルガ、吾々ガ敵ニ喰ハセヤウトシテヰルモノハ決シテソンナ美味ナモノデハナイ。苦イ薬ノ様ナモノデアル。ソレ故ニ音楽トイフ口当リノヨイ**オブラート**ニ包ンデ「良薬口ニ苦シ」トカ云ッテ毒薬ヲ盛ルノデアル。斯クシテ敵国国民ノ戦意ヲ徹底的ニ壊滅セシメナケレバナラヌ。

実ニ放送戦術ハ宣伝放送ノウチデ最モ重要ナ部門デアリ、且ツ最モ困難ナコトデアッテ、宣伝放送ノ唯一ノ目的デアル放送効果トイフモノハ、コノ戦術ノ可否ニヨッテ定マルトイッテモ過言デハナイ。

ソレ故ニ宣伝放送ニ携サハル者ハ放送戦術ノ原理ヲ十分ニ会得スルト共ニ、各種戦術ノ組合セ及ソノ応用ニツイテ十分ノ知識ヲ持ッテイナケレバナラヌ。

三、宣伝態度ノ原理

1 自我法ト没我法

一体自我ノ強イノハ宣伝ニハヨクナイ。宣伝放送ヲスル者ノ中ニモ一人ヨガリノ宣伝ガヨクアル。自分ノ云ヒタイコトヲ敵ニ向ッテ放送シテ痛快ガッテキル如キハ、宣伝トシテハ下ノ下デアル。

困ッタコトニ対敵宣伝放送ハ国内ノ広告宣伝トハ違ッテ具体的ノ結果ガスグニハ現ハレテコナイカラ、自分デハ之レデヨイモノト思ヒ込ム様ニナル。自分ハ一生懸命ニナッテ宣伝スルガ敵ハソレホド真剣ニナッテキナイ。実際コチラガイクラ熱シテモ敵ハコチラノ宣伝等ニ熱スル筈ハナイノデアル。コヽガ対座スル議論ト宣伝放送トノ異ナル点デアル。

宣伝者ハ常ニ確固トシタ意志ヲモッテキナケレバナラヌ。併シ宣伝シタイ熱心ハ腹ノ中ニ治メテ我ヲ忘レテ敵ノ立場ニタチ、敵ノ気持ニナレテコソ始メテ対敵宣伝者ノ第一資格ガ備ハルノデアル。敵ノ民族性、感情、社会生活等ヲヨク知ッテ、ソノ中ニ住ム気持デ宣伝シテコソ始メテソレガ敵ノ心ノ中ニ喰ヒ込ンデ行クコトガ出来ル。併シ没我トイフコトハ人間トシテ決シテ簡単ニ出来ルコトデハナイ。誰デモ宣伝シタイトイフ心ガ先ニタチ、自分ノ住ム社会環境ガ頭ニ浮ビガチデアル。ソレ故ニ何物ニモ動カサレナイ確固トシタ自我ヲモチ乍ラ、常ニ己レヲ捨テ敵ノ心ニ生キルコトヲ心掛ケネバナラヌ。「宣伝ノ要諦ハ没我ニアリ」トハ宣伝術ノ第一課デアルガ決シテ容易ニ卒業出来ル学科デハナイ。

2　守勢法ト攻勢法

武力戦ガ常ニ攻撃精神ノ旺盛ナ者ノ勝利ニ帰スル様ニ、宣伝ニモ高度ノ攻撃精神ヲ必要トスル。否、宣伝ハ武力戦ヨリ以上ニ攻勢的デナクテハナラヌ。軍事的情勢ガ非勢デアル場合ニモ宣伝ハ攻撃セネバナラヌ。又軍事的ニ優勢デアル場合ニ宣伝ノ攻撃ヲ必要トスルコトハ論ヲマタヌ。

勿論アル事件ニ就イテハ放送ヲ不利トシ、沈黙ヲ守ルコトヲ得策トスル場合ガアル（多弁法ト沈黙法参照）。併シソノ場合デモ何カ異ッタ方向デ宣伝ノ攻勢ヲトルコトガ出来ル。常ニ俊敏ナル頭脳ヲ以テ敵側ノ弱点、長所及ビ民心ノ動向ヲ察知シ、宣伝放送ニ利用シ得ル凡ユルコトヲ探知シ、コレニ対シテ徹底的ノ攻撃ヲ加ヘナケレバナラヌ。例ヘバ武力戦ノ優勢ナ場合ニハ敵ノ恐怖心及ビ宣伝ニノルマイトスル心理ヲ利用シテ宣伝シ、又敵方ガ反攻シテキタ場合ニハ敵ノ得意デキル心理ニツケ込ンデ宣伝スルノデアル。宣伝放送ノ攻撃力ガ鈍ツタリ、弛ンダリ、ダレタリスルコトハ、厳ニ警戒シナクテハナラヌ。マシテ守勢的ニナルナドハ敗戦ノ第一歩デアル。

宣伝放送ハ決シテ守勢的ニナツテハナラヌ。徹底的ニ攻撃的デナクテハナラヌ。宣伝戦モ武力戦ト同様ニ攻撃ガ勝利ノ秘訣デアル。

3 受動法と能動法

戦争ガ守備ダケデハ絶対ニ勝テナイ様ニ、宣伝戦モ受動的デハ絶対ニ勝テヌ。敵側ノ宣伝攻勢ニ対シテ弁解シタリ、説明シタリスルノハ下ノ下デアル。又敵ノ宣伝ノ誤謬、喰ヒチガヒ、欠点等ヲ指摘スルナドモ宣伝トシテ決シテ上ノ部デハナイ。

一体何時ノ頃カラカ知ラナイガ、日本ノ言論界デ「日本人ハ口下手デアリ、宣伝ハ至ツテ不得意デアル」トイフコトガ公々然トイハレ、又書カレテキル。之レハ誠ニ不可解ナコトデアリ且ツ国民ノ宣伝、防諜ニ関スル知識ヲ向上サセル上カラ言ツテモ当ヲ得テキナイ。「馬鹿、馬鹿」ト云ハレテ偉クナル子供ハマレデアル。何故ニ「日本人ハ宣伝、諜報、防諜ノ天才デアル。アノ忠臣蔵ヲ見ヨ、アレカラ二四〇年間ノサウイフ方面ノ進歩ハ驚クベキモノデアル」ト云ハナイノデアルカ。何故ニ英国人ハ宣伝ノ天才デ、吾々ハ宣伝ノ天才ト考ヘラレナイノカ。吾々ハ明日カラ宣伝ノ天才ニナラネバナラヌ。ソウ自惚レテ敵ヲ呑ンデ宣伝シナクテハ決シテ宣伝戦ニハ勝テヌ。コノ優越感コソ、宣伝放送必勝ノ信念デアル。

ソシテコノ優越感ヲモツテ常ニ彼我宣伝放送ノ主動性ヲ把握シ、大綱的ナ宣伝方針ニシテモ又個々ノ宣伝事項ニシテモ吾ガ方ノ計画ニヨツテ敵ヲヒキ廻サナクテハナラヌ。即チ吾ガ方ノ謀略ノ構想ノ中ニ敵ノ宣伝ヲヒキ込ムコトコソ、放送戦術ノ窮極ノ目的デアル。コノ為ニ受動法ハ極力廃シ、能動法ヲ用ヒ常ニ宣伝ノ主動性ヲ把握シテヰナクテハナラヌ。

四、表現強度ノ原理

4　一回法ト反復法

報道ヤ解説等ハ別デアルガ講演、音楽劇、演芸、演劇等ヲ非常ニ苦心シテ創ツテオキ乍ラ、タヾ一回ダケ放送シテ対敵宣伝ガ出来タト思ヒ、吾ガコト畢レリ、ト思フノハ大変ナ間違ヒデアル。放送スル方デハ又カト思フノデアルガ自分達デハ厭キルホドシツコク反復シテ放送スル必要ガアル。

之レハ劇場等トハ違ヒ、受信機ヲ持ツテキル人デモ聞キ落ス人ガ沢山アルトイフコトモ一ツノ理由デハアルガ、モツト本質的ナ、大切ナ理由ガアル。ソレハ音ノ印象ハ弱イトイフコトデアル。

嗅覚、味覚、触覚等ハ宣伝媒体トシテ通常使用サレナイカラ一応論議ノ外ニオキ、聴覚ト視覚トヲ比較シテミルトソノ印象ノ度合ヒガ甚ダシク違フ。

今宣伝媒体トシテノ音ノ感覚、文字ノ感覚、絵画ノ感覚、映画ノ感覚、実物ノ感覚等ノ強弱ヲ比較シテミルト、音ノ感覚ガ他ノ凡テノモノニ比較シテ遥カニ弱イ。実ニ「百聞一見ニ如カズ」ノ諺ノアル所以デアル。

音ノ印象ガ弱イトイフコトハ次ノ例デモ説明サレル。

映画ナラバ場面ハイクラデモ変化シ得ルガ、交響楽デハサウハユカナイ。大体第一テーマー、第二テーマー及ビ第三テーマーガアツテソレガ代リ〲ニ繰返シテ現ハレテクル。一ツノ交響楽デ第一テーマーノ現ハレル回数ハ多イ時ニハ二十回以上ニモ及ブ。若シ一本ノ映画デ同一ノ場面ガ二十回以上モ出タラバ見ラレタモノデナイ。音ガ字ニナリ、字ガ絵ニナリ、絵ガ実物ニナルニ従ツテリヤルナ感ジヲ受ケ、ソノ逆ニ実物ガ絵、字、音トナルニ従ツテフアンタステイクナ感ジヲ受ケル。即チ音ハ印象ガ弱クフアンタステイクデアリ、神秘的デアル。

コノ音ノ特性ト視覚ニ訴ヘラレナイトイフコトガ、放送ニ演芸、映画等ト異ツタ性格ヲ与ヘル。ソシテ放送ニ関スル音ト音楽トノ研究ハ今後一層行ハレナケレバナラヌ。大抵芝居ヲ見テ批評スルコトハタヤスイコトデアル。併シ一本ノ芝居ヲ作ル労苦ハ並大抵ノモノデハナイ。ソレデモ芝居ハ一ツノ劇場ノ為ニ月一本書キ下セバヨイ。然ルニ放送デハサウイフ芝居ニ類スルモノガ毎日何本モ必要ナノデアリ、ソレニ要スル智能モ想像以上ニ膨大デアル。

対敵宣伝放送ニ日本ノ全智能ヲ動員スルコトハ当然デアルガ、之レヲ成ルベク効果的ニ用ヒナクテハナラヌ。

何レニシテモ或ル放送ヲ一回ダケシカ行ハナイトイフ一回法ハ出来ルダケ避ケ、常ニ反復シ、焼キ直シテ利用スルコトヲ心掛ケネバナラヌ。但シ反復法ハトモスレバ興味ヲソグ惧レガアルカラソノ点ニ十分注意シ、米国国民ニ反復シテ聞カセタイコトモ中米、南米等ニ向ケ送信シテ米国国内デ傍受スルヤウニ仕組ム等、十分ニ留意スル必要ガアル。

宣伝放送ニハ「サツパリ」トカ「アツサリ」トカイフ気分ハ禁物デアル。ドコマデモネチ〳〵トシツコクヤラネバナラヌ。

5　個別法ト関連法

個別法ト関連法トノ問題ハ孤立法ト反復法トノ関係ト似テキル。反復法トハ同一ノ放送ヲ繰返スト云フコトデアッタガ、関連法ニアッテハ放送目的分類ニヨリ一ツノ目的ノコトヲ放送スルト決定シタナラバ、ソレニ関連スルコトヲ集中シテ攻撃スルノデアル。例ヘバ同一種目ノ場合デハ、マライノ復興状況ヲ宣伝ショウト思ヘバ、ソレダケヲ単独ニ放送セズ香港、フイリツピン、ジヤワ、ビルマ等ノ復興ヲモ宣伝スルト云フコトデアル。又異種目ノ場合デハ、アル期間米濠離間ニ重点ヲオクト決定スレバ演劇デモ、演芸デモ、音楽劇デモ、対話デモ一斉ニソノ問題ニ集中シテヤルノデアル。即チ同一種目ノモノデ関連放送スルト共ニ異種目ノモノデ関連放送ヲ実施シテ、与ヘル印象ヲ出来ルダケ強クショウトスルモノデアル。

6　孤立法ト追求法

反復法ハ同一ノ放送ヲ繰返ス方法デアリ、関連法ハアル宣伝目的ニ関連スルコトヲ集中的ニ同一種目、又ハ異種目ノ番組ニヨッテ放送スル方法デアルガ、追求法ハアル問題ヲ取上ゲタナラバ飽クマデコレヲ追求スル方法デアル。

例ヘバブーゲンビル沖航空戦ノ戦果ノ発表ヲ敵側ガ躊躇スルトスレバ、「モウ二週間タッタガ米国ハ未ダニ発表シナイ」「モウ三週間タッガ海軍大臣ノックスハ其ノコトニ就イテ一言モ云ハナイ」トイフ工合ニ一ッ問題ニシツコク喰ヒ下ッテユクノデアル。サウスレバ敵側ハソノ発表ヲスルコトガ愈々困難ニナリ、遂ニハ国民ガ常ニソノ発表ヲ疑フ様ニナル。一度獲物ヲ見レバソレヲ仕止メル迄ハ飽クマデ喰ヒ下ツテユク潜水艦ノ様ニ、宣伝戦ニ於テモ一度敵ノ弱点ヲ発見シ攻撃ヲ開始シタナラバ徹底的ニ追撃シ敵ヲ完膚ナキマデニ叩キツケナクテハナラヌ。

孤立無援、昼間ノオ化ケノ様ニ、タヾ一回ダケ放送デ敵ニ十分ノ打撃ヲ与ヘタト思フナドハ一回法と同様ニ誤レルモ甚ダシイモノデアル。

追求法ニハ以上述ベタヤウナ反復法ニ類似シタ同一ノコトヲ繰返シテ述ベル方法モアルガ又次ニ述ベルヤウナアル問題ヲ取上ゲテ放送ヲ開始シタナラバソレヲ次第ニ論理的ニ発表セシメテ敵ヲ追ヒ込ンデ行ク方法モアル。

丁度交響楽ニ於テ一ツノテーマーヲ繰返シ乍ラ発展サセテ行ク様ニ、一度米軍ノ人的損害ト云フ主題ヲ捕ヘタナラバ、ソレガ米国社会ノ隅々ニ迄及ボス影響ヲ取上ゲナクテハナラヌ。一ツノテーマーノ発展シテ行クトイフ種類ノ音楽ヲ持タヌ日本人ハコノ点誠ニ不得手デアルカラ、十分ニ研究シナクテハナラヌ。

反復法、関連法及ビ追求法ハ皆敵ニ強イ印象ヲ与ヘヤウトスル方法デアル。コレラ三ツノ方法ノ間ニハ夫々関連性ト類似点トガアル。コノ三方法ヲ巧ミニ組合セテ演出シ、表現ノ強度ヲ増シテ行クコトハ、宣伝放送上非常ニ大切ナコトデアル。

ル。

7　多弁法ト沈黙法

宣伝ノ要諦ハ多弁デアル。何シロ早ク沢山饒舌〔しゃべ〕ッタ方ガ勝チデアル。コノ多弁ノ必要ヲ裏書スルコト、シテハ、放送時間ノ長短ガ常ニ問題ニサレルコトデモ解カル。

放送内容モ勿論重要デアルガ、放送時間ノ長短ガ宣伝ノ効果ヲ左右シ、ヒイテハ宣伝戦ノ勝敗ヲ決スルモノト考ヘラレ、各国共ニ敵側ヨリ長時間ノ放送ヲシヤウト苦心シテキル。コレ等ノコトハ宣伝放送ニ関シテハ絶対ニ真理デアル。

併シ多弁法ガソレホド大切デアルニモ拘ラズ、時ニ沈黙法ヲ必要トスルコトガアル。敵ニ云ヒタイコトヲ勝手ニ云ハセテ反撃ノ機会ヲ待ツトイフコトハ立派ナ戦術デアル。斯クノ如ク単純ナ原則ダケデハウマク宣伝出来ナイトコロガ、武力戦術ト同様ニ宣伝戦術ノ容易デナイトコロデアル。

トハ云ヘ日本人ハ余リニモ沈黙法ヲ使ヒ過ギル傾向ガアル。何シロ日本人ハ不言実行ヲ貴ビ多弁ヲ嫌ヒ、又「多弁ハ銀ニシテ沈黙ハ金ナリ」トイフ西洋デハ余リ省ミラレナイ諺ヲバカニ高ク買フ国民デアル。

若シ吾ガ方デ沈黙法ヲ実施スレバ敵ハソノ不気味サニ恐怖スル位ニ沈黙法トイフモノハ稀ニ且ツ効果的ニ用ヒナクテハナラヌ。研究不足ノタメノ沈黙、責任回避ノタメノ沈黙、自己ノ不明ヲ表示スル沈黙等甚ダ喜バシクナイ沈黙モ見受ケラレルコトガアルカラ日本人ノ沈黙法使用ニハ十分ノ注意ヲ必要トスル。

尚沈黙法ニ関連シテ研究ヲ要スルコトハ能、パント・マイム、チヤツプリン喜劇映画等ノ様ナ見ルモノデハ沈黙ノ効果ハ偉大デアルガ、聞クモノニ於ケル沈黙ノ効果ハ見ルモノニ比シテ遥カニ僅少デアルトイフコトデアル。

五、表現形式ノ原理

8　羅列法ト演出法

事実ノ単ナル羅列ハ宣伝放送トシテハ最モ忌ムトコロデアル。例ヘバ同一材料ノ報道ヲ放送スルノデモ、ソノ配列ニヨツテ聴ク者ノ受ケル感ジハ甚ダシク相違スル。殊ニ強調法ヲ用ヒテ、アル部分ヲ強ク、アル部分ヲ弱ク云フナラバ、報道全体トシテ生気ヲ帯ビテクル。之レガ演劇ト同様ナ放送ノ演出デアル。演劇ニ演出家ガアリ、映画ノ撮影ニ監督ガアル様ニ、放送ニモ演出家ガナクテハナラヌ。ソシテ放送演出家ハ放送ノ最高責任者デアリ、且ツソレノミヲ研究シテキル専門家デナクテハナラヌ。殊ニ宣伝放送ニ於テハ演出家ハ絶対ニ必要デアル。正シキ演出家ナキ放送ハ指揮者ナキ軍隊ニ等シイ。

演劇ハ劇的効果トイフモノヲ狙フカラ多クノ場合事実デハナイ。事実ヨリモ誇張シテ表現サレテキル。観客ニモ興味ノアル様ニ誇張サレテキル。宣伝放送モマタ同様デアッテ、聞ク者ノ最モ興味ヲヒク様ニ取捨選択シ、且ツ誇張スレバヨイ。殊ニ対敵宣伝放送ニ於テハ、事実ノ有無ヨリモ如何ニ放送スルコトガ相手ノ興味ヲ惹キ、且ツコチラノ目的ニ最モ添フカ、トイフコトヲ第一ニ考ヘテ演出スレバヨイノデアル。

宣伝放送ノ演出トハ大体材料ヲ次ノ如クニシテ表現スルコトデアル。

取捨ト整理

集中ト強調

対照ト誇張

盛上リトタイミング

調和トスピード

新奇ト興味

放送ニ演出ガ必要デアルバカリデハナク宣伝ニモ演出ガ必要デアル。否、宣伝ハ演出デアルトイフコトガ出来ルホドニ演出ハ宣伝ノ重大ナ要素デアル。演出トイフ言葉ハ現在一般ニ用ヒラレテキル以上ニ遥カニ広義ナ言葉デアリ、又深遠ナ意味ヲ持ツタ言葉デアル。

対敵宣伝放送ノ演出ハモット〳〵研究サレナケレバナラヌ。

9　無音法ト音楽法

放送ハ音ノ芸術デアルカラ音楽ガ放送ニトッテ重要デアルコトハ云フマデモナイ。日本人ノ音楽ニ対スル感覚ト理解力ハ、過去四、五十年間ニ驚異的ノ進歩ヲ示シテキルガ未ダ西洋音楽ヲ十分ニコナス所マデイッテキナイ。日本ノ放送ガ興味ウスク平面的デアルノハ、他ニモ原因ガアルケレドモ音楽研究ノ不足ガソノ最大ノ原因デアル。音楽ガ完全ニ身ニツイタ者ガ演出シテコソ始メテ放送ガ生気ヲ帯ビテクル。コノ点デ放送ハ目デ見ル演劇デハナク、歌劇、オペレッタ等ノ耳デ聴イテ楽シムコトヲ主トスル演劇ニ近イ。即チ宣伝放送ハ、極最近人類ノ発明シタ一大芸術デアリ、今後研究ヲ要スル部門モ多イガ、音楽トイフ観点カラダケ見テモモット〳〵研究サレナケレバナラヌ。対敵宣伝実施上ノ基礎的条件トシテモット音楽ト内容トガ調和シ、全体的ニモ部分的ニモ演出ノ行届イタ「生キタ放送」ヲシナケレバナラヌ。

音楽ノ伴奏モナクタヾ単ニ敵ノ悪口ヲ云ッテ、敵国ノ国民ガ喜ンデ聴ク等ト思ッタラ大間違ヒデアル。敵ノ耳ザハリニナルコトハ音楽ニ包ンデ放送シナケレバナラヌ。B・B・Cガ報道〔ニュース〕サヘモ音楽ニ包ンデ放送シテキルノハ味フベキコトデアル。コノ人ヲ喜バセ、人ノ心ヲ浮立タセ、人ノ心ヲ恍惚トサセル音楽ハ、人類ノ発明シタ最モ麗ハシキモノノ一ッデアル。併シコノ一見ナンノ罪ナキ音楽ハ、宣伝放送ニ於テハ恐ルベキ毒ヲ包ムオブラートニナル。ソノ耳ザハリノ余リニモ麗ハシク清浄無垢デアル故ニオブラートトシテ用ヒ得ルノデアル。宣伝放送ニヨリ米英ノ社会機構ヲ破壊シ、戦意ヲ壊滅セシメントスル吾等ハ、コノ「オブラート」ノ研究ヲ十分ニ行ハネバナラヌ。

音楽ノ宣伝上ノ効用ハ右ニ述ベタ様ナコトダケデハナイ。喜ビ、悲シミ、不安等ヲ表ハス曲ヲ夫々ノ場合ニ用ヒルト云フコトハ、誰デモ気付クコトデアリ、之レハ発声映画デ相当研究サレテキルガ、対敵宣伝放送ハ尚一歩進ンデ、一見無関〔係〕ナ曲トアル意味トヲ関連サセル処迄行カナクテハナラヌ。丁度57トイフ数字ガトマト・ケチヤツプヲ人々ニ連想サセル様ニ、ルーズヴエルト誇大妄想ノ曲、ルーズヴエルト日本実力誤算ノ曲、米ノ戦況発表真虚ノ曲ト云フフウニ宣伝ト反復トニヨリ元ハ無関係ナ曲ニ特別ナ意味ヲ連想セシメルノデアル。

アル音楽デアル意味ヲ連想セシメルトイフコトハ、先ニ述ベタ間接法デアリ、宣伝放送トシテハ言葉デソノ意味ヲイフ直接法ヨリモ遥カニ勝ツテキル。

之レハ空想的ノコトデアルガ、若シ音楽的ナ音デアルフアベツトヲ表ハスコトガ出来、ソシテ文章ヲ綴ルコトガ出来ル様ニナツタナラ放送ト云フモノガドンナニ麗ハシイ芸術ニナルコトデアラウ。将来音楽ガ発達シ、人間ノ音ニ対スル感覚ガ進歩スレバ、現在不可能ト思ハレル放送モ出来ルコトデアラウ。音楽ニ対シテ鋭敏ナ感覚ノアル者ガ演出シナイ限リ、宣伝放送ノ進歩ハ到底望ミ得ナイ。

音楽ト放送トハ絶対ニ不可分デアル。

10　散文法ト韻文法

散文ハ目デ読ンデ内容ヲ理解スルモノデアリ、韻文ハ目デ読ンデ内容ヲ理解スルコトハ勿論デアルガ、ソレ以上ニソノ朗読ヲ聞イテ楽シミ、口吟サンデ楽シムモノデアル。即チ韻文ニハ多分ニ音ノ要素ガアルカラ、音ノ芸術デアル宣伝放送ニハ、散文ヨリモ遥カニ好適ノ条件ヲ備ヘテキル。韻文放送ノ研究ハ今後共ニ一層行ハレナケレバナラヌ。報道等モ韻文的ニ構成シ、調子ヲツケテ読ム方ガ余程聞キヨイ。即チ報道放送モ既ニ文学ノ域ニ進ミツヽアル。

尚反復法及ビ関連法ニ関係シテ韻文ハ非常ニ大切デアル。或ル意味ノコトヲ反復シテイフ場合ニハ散文ヨリモ韻文又ハソレニ類似シタ語呂ノヨイ形式ノ方ガ云フ方カラ云ツテモ云ヒ易イシ、又聴ク方カラ云ツテモ聴キ易イモノデアル。ソレニ繰返シ〳〵云フ場合ニハ、一番ノ要点ダケヲ云ヘバヨイノデソノ他ノ部分ハ云ハナイ方ガ効果的デアルト云フ利点モアル。何レニシテモ敵国国民ノ常識的ニ知ツテキル詩、格言、名科白、諺等ヲ十分ニ研究シテ有効ニ使フト共ニ、**スローガン**、標語等ヲ考案シテ敵ノ心ニ喰ヒ入ラナケレバナラヌ。

商業広告ニスローガン、標語等ガ絶対必要デアルヤウニ、ソレハ宣伝放送ニ付テモ重要ナ武器デアル。

11　無名法ト命名法

商品ニ名ガアリ商店ニ屋号ガアル様ニ、各放送ニモ耳ザハリヨク記憶シ易イ名ガ無クテハナラヌ。コノ名ハ内容ヲ直接表ハシテヰナクテヨイ。例ヘバ57トイフ字ヲ見レバトマト・ケチヤツプヲ思ヒ出ストイフ様ナ広告ハ、無関係ナ名ヲ関係ヅケタ例デアル。敵ガ現在行ツテキル「勝利放送」トカ「自由放送」トカイフノハ命名法ノ例デアル。名無シノ権兵衛放送等ハ甚ダ芳シクナイ。併シ一度放送ニ名ヲ付ケタラ相当長期間ニ亘ツテ同ジ名デ放送出来ル様ニ十分研究シテ命名シナケレバナラヌ。

又放送ノ名ハ決シテ文字ノ名バカリトハ限ラナイ。アル音楽ノ名ヲ代用ニスルコトガ出来ル。コレガ現在ハ放送局全体ヲ表ハスコール・サイントシテ用ヒラレテキル。

商店ノ屋号ニアタル放送局全体ヲ表ハス名トシテハ、各国トモ通常JOAKノ様ナ文字トソノ放送局ノ所在スル地名ガ用ヒラレテキル。コレハ一国ノ首府又ハ主要都市名ガ、国家背景ヲ最モヨク表ハシテキテ、最モ宣伝効果ガアルト考ヘラレテキルカラデアル。併シ将来ハ東京ノ放送局ヲ「サクラ放送局」等トイツテ海外放送ヲスル時ガ来ナイトハ限ラナイ。

コノ名ヲ音デ表ハシテキルノガコール・サインデアル。ロンドンガウエストミンスター寺院ノ鐘ノ音ヲ使ツテキルノハ当然気ヅクコト、ハイヘ苦心ノ作デアル。サインハ二、三秒聴イタラソノ国トソノ国ノ文化背景トガ聴ク者ノ頭ニ浮ブ様デ無クテハナラヌ。宣伝放送ハ音ノ芸術デアルカラ、音ヲ以テ名ニ代ヘ、アル音楽ニ特殊ナ意味ヲ持タセルト云フコトハ非常ニ重要ナコトデアル。

放送局ト各種ノ放送ニ名ヲ付ケルコトモ重要デアルガ、ソレヲ放送スルコトガ絶対ニ必要デアル。演芸放送ノ放送者ハ勿論ノコト報道ノ放送者ニモ性格ト名ガ必要デアル。放送ハ演出デアルカラ、放送者ハハツキリシタ特徴アル性格ヲ持ツコトガ第一条件デ、ソシテ聴ク者ニソノ名ト放送トニ親シミヲ持タセルコトガ必要デアル。

対敵放送ニソノ本名ヲ名乗ル等ハ甚ダ愚策デアル。コノ点デ最モ優レタ例ハ、ドイツカラ対英放送ヲシタ「ホーホー卿」デアル。

以上ノヤウニ命名法ハ今後モツト〳〵研究サレナケレバナラヌ。ソシテ奇想天外ナ知恵ヲ出サネバナラヌ。

12　惰勢法ト新奇法

如何ニヨイ戦術デモ度々使ヘバ聴ク人モ興味ガナクナル。之レガ俗ニイフ「古イ手」

デアル。聴ク者ノ注意ヲ強ク惹クコトガ宣伝効果ヲ最モ大ナラシメル所以デアルカラ、宣伝放送ニハ常ニ奇想天外ノ新手ヲ必要トスル。聴ク者ヲアット驚嘆サセルコトガ出来レバ宣伝ノ第一歩ハ先ヅ成功デアル。放送戦術モ常ニ新手ヲ考ヘナケレバナラヌ。ポスターガ斬新ナ画ヲ選ビ、強烈ナ色彩ヲ選ブノハ全クコノ原理ニ基ヅクモノデアル。殊ニ対米ノ宣伝放送ニハ近代的デスマートデアリ、且ツスウイッチヲ切ル暇ノ無イホドニスピーディーデ連続的ナ放送ヲシナケレバナラヌ。

タヾ新奇法ヲ考ヘル場合ニ最モ注意スベキコトハ新手ヲ求メルコトニ凝ッテハイケナイト云フコトデアル。ソノ理由ハ新手ハ宣伝戦術ノ大切ナ点デハアルガ、新奇ニスルコトガ宣伝ノ目的デハナイカラデアル。新奇法ハ飽クマデモ求メナケレバナラナイ。併シ徒ラニ奇ヲ好ムコトハ厳ニ戒メナクテハナラヌ。

コノ新奇法ニ類似シタモノニ循環法トイフノガアル。コレハ数種ノ手法ヲ予メ考ヘテオイテソノ一ツ一ツニ順次ニ重点ヲオイテ集中的ニ放送スルノデアル。丁度農業デ云フ輪作ニ当ルモノデアル。同一ノ相手ニ同一ノ内容ノコトヲ云フニシテモ千篇一律ニ同一ノ手法ヲ用ヒルヨリモ数種ノ手法ヲ循環的ニ用ヒル方ガ遥カニ効果的デアル。

六、表現内容ノ原理

13　直接法ト間接法

一体宣伝ノ目的トイフモノハ誰ニデモ比較的簡単ニ解ルコトデ、米英離間、労資抗争ノ醸成等吾々ノヤリタイコトハ明白デアル。併シ問題ナノハ、如何ナル放送ヲシタナラバ敵ガ吾ガ目的ニ引キコマレテ吾ガ方ノ希望スル行動ヲ行フカ、トイフコトデアル。

宣伝ニ不馴レナ者ハ兎角目的ヲ直接ニ云ヒタガル傾向ガアルガ、コレハ宣伝トシテハ最モ拙劣ナ方法デアル。自分ノ頭ノ中ニアル目的デ有リノ儘ニ敵ニ話シテシマフノガ愚策デアルコトハ一目瞭然トシテキル。併シ間接法ヲ行フコトノ困難デアルノハ丁度没我法ノ困難デアルト同様デアッテ、相当宣伝ニ経験アル者デモツイ宣伝シタイトイフ気持ガ先ニタッテ直接法ヲ用ヒテシマフコトガアルカラ、十分ニ注意ヲ要スル。曽ッテ米国国内ニ孤立主義者ノ勢力ガ増大シテキタ時ニ、日本デハ鬼ノ首デモ取ッタヤウニ声援シテ相手ニ利用サレ、完全ナ逆効果トナッテシマッタ如キハ直接法失敗ノ一例デアル。

一般的ニ云ヘバ宣伝放送ニハ出来ルダケ間接法ヲ用ヒル方ガ勝ッテキル。即チコチラノ宣伝ニヨリ敵ニ疑問ヲ起コサセテ、コチラノ云ッタコトヲ向フデ研究スル様ニサセラレレバ宣伝ハ成功デアル。ソシテ敵国民ノ行動ヲ宣伝ノ糸デ陰カラ操ルト云フノガ宣伝放送ノ極意デアル。実ニ宣伝ノ要諦ハ関接ニアル。故ニ何事ニヨラズ宣伝シタイ時ニハ出来ルダケ其ノ事ヲ云ハズ、如何ナルコトヲ云ツタラ敵ハサウ思フ様ニナルカト云フコトヲ考ヘナケレバナラヌ。

尤モ恫喝放送ナドハ例外デアツテ、コレハ直接法デナケレバ偉力ガナイ。併シ之レハ宣伝放送トシテハ極ク特別ノ場合デアツテ、宣伝放送全体トシテハ間接法ガ重要デアルコトハ論ヲ俟タヌ。実ニ宣伝放送ノ要諦ハ間接デアル。

14　明示法ト暗示法

コノ二ツノ方法ハ直接法ト間接法トノ項デ述ベタトコロトヨク似テヰル。明示法トイフノハ宣伝放送ノ内容ヲ明確ニ表現シタモノデ、又暗示法トイフノハソノ表現ガ暗示的デアリ、含蓄アルモノデアル。

一体海外放送トイフモノハ、空中放電、他ノ放送等種々ソノ聴取ヲ妨害スルモノガアルカラ、用語、発音、表現等ハ平易明解デナクテハナラナイ。即チ宣伝放送ニハ明確ト云フコトガ絶対ニ必要デアル。併シ之レハ表現形式ノコトデアツテ、表現内容トシテハ暗示的ナモノヲ多ク選バネバナラヌ。

表現内容トシテ明示法ノ選バレルノハ報道及ビ解説デアリ、又論議的ナモノニモコノ方法ガ選バレル。併シ明示法ハ暗示法ニ比ベテ放送ガ硬クナル。ソシテ放送ノ固クナルコトハ対敵宣伝トシテハ最モ忌ムトコロデアル。

今一ツ明示法ヲ使用スルコトノ不利ナ場合ハ、コチラ側ガ敵ノ弱点ヲ突ク場合ニ若シ明白ニソノ弱点ヲ云フト、敵ガ直チニソノ欠点ヲ是正シタリ、或ヒハ吾ガ方ノ宣伝ヲ利用シテ敵方政府ハ「敵側ニ利用サレル」ト云フコトヲ口実ニ国内ノ反対論ヲ弾圧スルヤウニナル。併シモシコノ敵ニ逆用サレルトイフコトヲ恐レテ宣伝ヲ差シ控ヘルナラバ、極ク平々凡々トシタ宣伝以外ハ殆ンド対敵宣伝ガ出来ナクナル。コノヤウナ場合ニ用ヒルノガ暗示法デアル。敵ガ吾ガ方ノ真ノ意図ヲ計リ兼ネルヤウナ句ヲ意識的ニ挿入シテ敵ヲ迷ハシテ見タリ、又敵国国民ガソノ句ヲヨク考ヘテ見ルト結局コチラ側ノ宣伝ニ乗ルトイフ風ニ宣伝スルノガ最モ優レタ方法デアル。殊ニコノ暗示法ハ報道、解説等ヨリモ対話、演劇等ノ方ニ用ヒ易ク、又効果的ニ用ヒルコトガ出来ル。

一体アルコトヲ宣伝放送ニ用ヒルト、多クノ場合ニ吾ガ方ノ**プラス**ニナルコトト**マイナス**ニナルコトトヲ同時ニ含ンデキル。ソレ故ニソノ**マイナス**ノ効果ダケヲ恐レテキルト宣伝ハ甚ダシク制限サレル。然ルニ宣伝放送ハ積極的、能動的デ且ツ多弁デナクテハナラヌ。ソレ故ニ暗示法ヲ用ヒテコノ**マイナス**ヲ出来ルダケ少クシ、ソシテ**プラス**、**マイナス**差引イテ**プラス**ガ残ルト判断シタ場合ニハ積極的ニドシ〳〵放送シナクテハナラヌ。暗示法ハ間接法トモ密接ニ関連シタ対敵宣伝ノ高等戦術デアル。

15　真実法ト虚偽法

吾ガ方ノ宣伝放送ガ世界的ノ信用ヲ博スルコトハ必要デアル。ソレ故ニ真実ダケヲ放送セヨト云フ議論モ成リ立ツ。殊ニ日本人ニハ真面目ナ人ガ多イノデ「正直ハ最大ノ策略デアル」トイフ格言ヲソノ儘宣伝放送ニ当テ嵌メヤウトスル人々ガアルガ、之レハ間違ヒデアル。既ニ述ベタヤウニ宣伝放送ハ演出デアリ、演出トハ誇張デアル。ソシテ虚偽ハ誇張ノ隣人デアル。

一体宣伝放送ニハ虚偽、偽造、捏造ヲ必要トスル場合ガ多イ。トイフノハ、戦時ノ民心ハ常ニ不安ニ脅カサレテキルカラ風声鶴唳ニ驚クヤウナ場合ガ多イカラデアル。ソレ故ニ前欧州大戦以来宣伝トイフ言葉ニハ虚偽トイフ意味ヲ含ムヤウニナツタ。ソレ故ニ宣伝放送デハ、虚偽ヲ敵国ヤ中立国ノ国民ニ如何ニシテ真実トシテ思ヒ込マセルカ、ト云フコトガ一ツノ大切ナ問題トナツタ。

コノ吾ガ方ノ宣伝放送ハ世界ノ信用ヲ博シツ、虚偽法ヲ用ヒルト云フコト、即チ真実ト虚偽トノ使ヒワケハ宣伝放送ニ携サハル者ノ最モ苦心スルコトデアル。小サイコトデ信用サセテ大キイ嘘ヲツクト云フノガ謀略ノ極意デアル。又アル場合ニハ虚偽法ヲ絶対ニ必要トスル。ソレハ敵側ガ真偽ヲ直チニ発表スルコトノ出来ナイ問題デアル。例ヘバダルランヲ殺シタノハ英国トスルノガヨイカ、米国トスルノガヨイカ、トイフ問題等ハ枢軸側ノ宣伝ニ都合ノヨイ方ニスレバヨイ。何故ナラバ敵ハドチラモ否定スルニ決ツテキルカラデアル。

真実ラシキ虚偽ハ真実ヨリモ敵ノ心ヲ捕ヘル効果的ノモノデアル、ト云フコトヲ宣伝者ハ心ニ留メテキナクテハナラヌ。

16　現実法ト神秘法

既ニ述ベタヤウニ現実ヲ表ハスノニハ音ヨリモ絵画、映画、模型ノ方ガヨイ。音ハ夫レ自ラ神秘的デアル。

ソレ故ニ放送トシテハ物語ニセヨ、劇ニセヨ、探偵物、妖怪物等凄味ヲ持ツタモノヤオ伽噺、夢物語等ノ不可思議ナモノニ適シテキル。

曽ツテ米国デオーソン・ウエルズト云フ劇作家ノ演出デ火星ノ軍隊ガ合衆国ヲ攻メテ来タトイフ放送ヲシタトコロガ、余リ真ニ迫ツテキルモノダカラ本当ノ騒動ガ起キタトイフ有名ナ事件ガアル。コレ等ハ音ノ神秘性ヲ示ス最モ適当ナ例デアル。

即チ音ハ文字ヤ絵画ホド眼前ニ明瞭ニ現ハレナイカラ聴ク者ガ十分ニ考ヘルコトガ出来ル。

音ハ人ヲ強ヒナイ。タヾ人ノ聴キ従フノヲ待ツテキル。又音ハ麗ハシイ音楽ニモナルガ、人ヲソノ甘サニ酔ハス神秘的ナ恐ロシイ毒ヲソノ中ニ持ツテヰル。吾レ等ノ用ヒントスルハコノ音ノ神秘性デアリソノ毒性デアル。音ノコノ作用ガ十分ニ会得出来ナケレバ宣伝放送ハ決シテ成功シナイ。

宣伝放送ノ要諦ハ神秘デアル。

七、論議ノ原理

17 抽象法ト具体法

抽象的ナ議論ハ宣伝放送ニハ禁物デアル。条約違反論、戦時国際法論、開戦責任論等ヲ非具体的ニ論ズルコトハ宣伝トシテハアマリ効果ガナイ。「宣伝ハ抽象的ナルモノヲ避ケヨ」「人心ニ喰ヒ入ル宣伝ヲ選ビ、被宣伝者ノ直接的ナ利害ニ訴ヘヨ」トハソ連ノ宣伝要諦デアル。コノ事ハ甚ダ重要ナコトデアツテ宣伝放送ノ内容ハ物価ノ騰貴、生活ノ困難、ソレ等ノコトノ戦前トノ比較、政府政策ノ誤謬トイフヤウナ国民ガ日々ノ生活デ間近ニ感ジテヰルモノヲ選バナクテハナラヌ。

又海戦ノ報道ヲスル場合ニモタヾ単ニ撃沈軍艦ノ隻数ヲ云フダケデナク、ソレ等ノ軍艦ノ沈没ニヨツテ戦死シタ者ノ推定数、沈没軍艦ノ値段、現在ノ建造費等ニ至ルマデ成ルベク詳細ニ数字ヲアゲテ宣伝シナクテハナラヌ。

又他ノ一例ヲ述ベテ見ルト、重慶ニ住ンデヰル支那人ニ「米国ノ戦闘艦ヲ二隻撃沈シタ」ト云ッテモ、河用砲艦シカ見タコトノ無イ彼等ニハ恐ラク何ンノコトダカ想像モ出来ナイデアラウ。併シ之レヲ支那ノ金ニ換算シテ四億元ダト云ヘバ、彼等ノ頭ニハ相当高価ナモノデアルト云フコトガ解ル。尚、ソノ上ニ、コノ金額ハ重慶ノ町ヲ二ツ造ルホドノ金額デアル、ト云ヘバ米国ノ受ケタ損害ガ如何ニ大キイモノデアルカト云フコトガ明白ニ解ル。

コノ同ジ戦果ヲ米国ニ放送スル時ニハ、コノ二ツノ戦闘艦ノ建造費ハ二億弗デアッテエンパイア・ビルディングガ幾ツ出来ル金額デアル、即チ幾ツノエンパイア・ビルディングガ海底ニ屠ラレタノデアル、ト云フノデアル。

コノ様ニ聴ク者ノ最モ解リ易イモノニ換算シテ、敵側ノ損害ヲ具体的ニ云フコトガ最モ大切デアル。

又放送ノ対象モ抽象的ナ「アメリカ国民ニ告グ」ト云フヤウナ漠然トシタモノデナク、モット具体的ニ米国ノ如何ナル種類ノ人々ニ話スノデアルカト云フコトヲハッキリト定メナクテハナラヌ。一体物事ヲ報道スル時ニ、誰ガ、何処デ、何時、誰ニ、何ヲシタカト云フコトハソノ報道ノ最モ中心トナル部分デアッテ、新聞記者達ハ之レヲ「ニュースノ目」ト呼ンデキル。コノ様ニ放送ノ相手モアル特定ナ人々ヲ捕ヘテ話ス方ガ聴ク者ニハッキリトシタ観念ヲ与ヘルシ、又面白味モ与ヘルノデアル。例ヘバ「米国ノ皆様ニ申上ゲマス」等トハ云ハナイデ、同ジ事デモ「今晩ハサンフランシスコノ何々通リノ皆様ニ特ニ申上ゲマス」ト云フトズット対象ガ具体的ニ成ッテ来テ面白イ。対象ヲ局限スル対象ヲ局限スルト放送ガ書キ易ク又話シ易クナリ、放送ニ生気ヲ帯ビテクルモノデアル。

18　理性法ト感情法

宣伝放送ヲ相手ノ理性ニ訴ヘルカ又ハ感情ニ訴ヘルカト云フコトハ、目的ニ依ッテ異ナリ、場合ニ依ッテ違フノデアルガ、一般的ニ云フト為政者相手ノ宣伝ニハ理性法ガヨク、国民大衆相手ノ宣伝ニハ感情法ガヨイ。日本デハ一般国民ハ短波放送ヲ聴取シテヰナイノデアリ、米国、英国、豪州等ノ国民ハソレヲ聴取シテキルノデアルカラ、右ニ述ベタ理論カラ云ヘバ日本ノ対敵宣伝放送ハ感情法デアルベキデアリ、敵側ノ放送ハ理性法デアルベキデアル。然ルニ現実ハソノ逆デアッテ日本ノ対敵放送ハ甚ダシク理性的デアリ、吾々ガ敵国ノ為政者ニ議論ヲ吹掛ケルヤウナモノガ多イ。之レニ反シテ敵側ノ放送ノ方ガ遥カニ感情的デアル。コノ感情法ノ重要性ヲ理解シナイノガ現在ノ日本ノ宣伝放送ノ最大弱点デアル。

米英人等ハラジオヲ娯楽トシテ聴イテキルノデアルカラ、コレ等ノ人々ニ余リ上手デナイ英語デ議論等ヲ吹掛ケテ敵ガ聴クト思ツタラ大間違ヒデアル。敵ノ一般大衆殊ニ婦人等ヲ先ヅ面白ガラセ楽シマセテソノ感情ニ訴ヘテ次第ニ宣伝シテ行クベキデアル。婦人ハ感情的デアルカラ感情法ヲ用ヒル事ガ絶対ニ必要デアル。

コノ感情法ヲ用ヒルタメニハ敵国ノ国民性ヲ十分ニ知リ尽シテヰル必要ガアル。

コノ感情法ハ決シテ婦人ダケニ対スルモノデハナク、戦時ニハ一般的ニ国民ノ理性ガ麻痺シ、感情ガ昂ブツテヰルカラ国民ノ感情ニ喰ヒ入ル放送ノ効果ハ想像以上デアル。

19　論議法ト諧謔法

正々堂々と真面目ニ議論スルコトハ決シテ不必要ナコトデハナイ。併シ手ノ届カヌ放送ニヨル宣伝戦デハ、敵ハ宣伝ニ負ケタト思ツテモ決シテ負ケマシタトオ辞儀ヲスルモノデハナイ。勿論第三国モアリ、又議論ニ勝テバ敵ハ沈黙スルノデアルカラ大イニ論議シナケレバナラナイノデアルガ、日本ノ宣伝術、日本ノ指導者ノ気分ト云フモノハ概シテ論議的デ硬クテイケナイ。一体アングロ・サクソン相手ノ宣伝ハモツト諧謔的デユーモアニトミ揶揄的デナケレバナラヌ。ユーモアヲ持ツテヰルコトハアングロ・サクソンノ性格ノ最モ顕著ナ特徴デアリ、気軽ナ気分ハアメリカ人ノ最大ノ特徴デアル。

コレハ宣伝ニ直接関係スル話デハナイガ、前欧州大戦ノ時ニ英国ノ飛行機ガ独軍ノ飛行基地ヲ襲撃シテ爆弾ヲ投下シタノデアル。ソレハ一九一七年四月一日ノコトデアツタガ、襲撃サレタドイツノ飛行場デハ地上ニキタ人々ハ驚イテ皆防空壕ニ隠レタノデアル。トコロガ英国ノ飛行機カラ投下シタモノハ爆弾デハナクテフットボールデアッタ。ソシテ英国ノ飛行士達ハ、「エープリル・フール」デドイツノ兵隊ヲ欺シタ、ト非常ニ喜ンダトノコトデアル。生死ヲカケテ戦ツテキル大戦争ノ最中デモコノ諧謔性ヲ忘レナイアングロ・サクソンニ対シテハ、吾々モモット気軽ナ気持デユーモアニトンダ放送ヲシナクテハナラヌ。

理性法ト感情法ノ項デ述ベタト同様ニ、為政者相手ノ放送ニハ論議法ガヨク、国民大衆ニ対シテハ諧謔法ガヨイトイフノガ原則デアル。コノ点カラ見テモ前述ベタト同様ニ、米英ノ如ク国民全体ガ短波放送ヲ聴イテキル国ニ対スル宣伝放送ハ、論議法ヨリモ一般国民ニ興味アル諧謔法ヲ多ク用ヒルコトガ必要デアル。コノ点論議法ヲ主体トスル日本ノ宣伝放送ノ指導法ハ大イニ反省スル必要ガアル。

諧謔法ニ類似シタモノニ揶揄法ガアル。敵ノ敗北ヤ失敗ヲ正面カラ攻撃スル方法モアルガ、軽クカラカツテヤル方法モアル。即チ当ノ責任者デアル政府ヲカラカツテ国民ニソレヲキカセルノデアル。コレニ対シテ敵政府ガオコツタラ宣伝戦ハ勝デアル。揶揄法ハ注意シナイト対敵宣伝ノ品ヲ落スコトニナル憂ヒガアルガ、コレヲ上手ニ使フナラバ宣伝ハトテモ面白クナルモノデアル。併シコレモ暗示法ノトコロデ述ベタヤウニ、ソノタメニ敵ガ気ヅイテ是正スルヤウナコトハ避ケナケレバナラヌ。

諧謔法ト揶揄法トノモウ一ツノ特徴ハ話ス人ノ気持ガ和ラグトイフコトデアル。一体人ニモノヲ話ス技術ト云フモノハ仲々ムヅカシイモノデ、ヨホド上手デナイト聴ク者ガ話ス者ノ気持ニ近付クコトガ出来ナイデハジカレル感ジガスル。即チ一言デイヘバ聞キニクイノデアル。放送者ハ常ニコノコトニ留意シナクテハナラヌ。ソシテコノ聴取者ヲハジメ感ジヲ和ラゲル方法ヲ考ヘナケレバナラナイ。

素人ガ**マイク**ノ前ニ立ツト沢山ノ人ニ聞カセルノダト思ツテ力ムタメニ特ニ人ヲハジクモノデアル。コレガ素人デモ対話ニナルト目ノ前ニ相手ガヰルカラ人ヲハジカナイ。対話ニナルト人ヲハジカナイノハ素人バカリデハナイ。専門ノ放送者デモ程度ノ差コソアレ同ジデアル。コレガ西貢《サイゴン》デ翌日ノ放送番組ヲ対話体デシテヰル理由デアル。

対話モキキ手ヲハジカナイ一ツノ方法デアルガ、諧謔法ヤ揶揄法モ同様ノ効果ノアル方法デアル。相手ニ**ユーモア**ヲイヒ、カラカツテヰルト気分ガズツト和ライデクル。コノヤハライダ気分デ放送スルコトハ宣伝ニハ絶対ニ必要デアル、「**ロード・ホーホー**」ナドハ諧謔法ト揶揄法ニ実ニ熟達シタモノデアルト云フコトガ出来ル。

20　解答法ト質問法

親ガ子ヲ諭スヤウニ政府ノ云ハナイコトヲ敵国民ニ教ヘテヤルトイフ態度ハ「余裕ノ

原理」カラ云ツテモ甚ダ結構ナコトデアルガ、コチラカラ結論ヲ云ツテシマフトイフコトハ厳ニ慎マナケレバナラヌ。宣伝ハ学者ノ論争トハ違フカラ議論デ敵ヲイヒ負シタカラトイツテ、敵ガ吾々ノ思フヤウニナルモノデナイ。返ツテ感情的ニ反抗シテ来ルモノデアル。対敵宣伝者ニトツテ最モ大切ナコトハ、コチラノ意図スル解答ヲ吾ガ方カラハ云ハズ敵自身ニ考ヘサセテ自ラ到着サセルコトデアル。即チ、「ドウ云ツタナラバ敵ガソウ思フ様ニナルカ」ト云フコトヲ常ニ考ヘテイナケレバナラヌ。ソレ故ニ宣伝ニハ質問ノミデ止ムベキ場合ガ甚ダ多イ。

「宣伝ハ質問形デ」ト云フノガ英国ノ対敵宣伝ノ極意デアル。コレニ反シ論議的デ且ツ結論ヲ自ラ云ツテシマフ独逸宣伝者ハ如何ニモ愚カデアル。宣伝ニハ論理ハナクテハナラヌ、併シ論議ハ禁物デアル。質問ヲ如何ナル形デ持掛ケルカ、又質問ヲ如何ナル点デ切ルカト云フコトハ高等戦術デアリ、宣伝者ノ最モ心ヲ砕クコトデアル。

質問法ハ既ニ述ベタ没我法ト間接法トニ関連シタ対敵放送戦術中デ最モ大切ナコトデアル。

21　直話法ト比喩法

比喩ハ議論ノ魔物デアル。世間デ常用サレテキル比喩ト云フモノハ、十中八、九マデ具体的ノ事実ヲ真実ニ伝ヘテキナイ。而モ比喩ヲ用ヒルコトニヨリ人々ハソノ具体的ノ事実ノ持ツ主要ナ意味ヲ甚ダヨク理解スル。例ヘバ差ノ甚ダシイコトヲ「オ月様ト**スツポン**ホド違フ」ト云フ。一体オ月様ノ何処ト**スツポン**ノ何処ヲ比ベタノカヨク解ラナイガ、ソレデモ何ヤラ質的ノ甚ダシイ相違ガ想像サレル。又比喩ハ詩ヤ標語ヤ格言ノヤウニ、語呂ガヨイ為ニ記憶ニハ非常ニ便利ガヨク、人々ハ事実ヲ比喩ニヨツテ分類スル傾向サヘアル。既ニ述ベタヤウニ音ノ印象ハ色ノ印象ニ比較シテ弱イモノデアルカラ、宣伝放送ニハ標語ガ重要デアルヤウニ記憶ニ便利ナ比喩モ大切デアリ、出来ルダケ多クコレヲ用ヒナケレバナラヌ。

又直話法トハ即チ直接法ノコトデアリ、コレニ対スル比喩法ハ直話法ヨリ遥カニ間接的デアル。宣伝放送ニ於テハ直話法ヨリモ出来ルダケ間接法ヲ選ブベキデアルカラ、コノ点カラ見テモ比喩法ヲ出来ルダケ度々用ヒナクテハナラヌ。

比喩法ハ右ニ述ベタヤウナ特徴ノ外ニ、多クノ場合ニ**ユーモア**ヲ含ミ、議論ヲ和ゲルコトニ効果ガアル。ソレ故ニ比喩法ハ諧謔法ヲ用フル場合ニ利用サレル。

以上述ベタ様ニ比喩ハ事実ト違ツテキル故ニ、配合ノ妙ヲ生ジテ非常ニ興味ヲ起サセ**ユーモア**ヲ生ゼシメ、間接的デアル為ニ論議ヲ和ラゲ、ソノ上ニ記憶ニ便利デアルト云フ様ナ沢山ノ特徴ヲ持ツテキル為ニ、人々ハ比喩ヲ好ミ又コノ比喩ニ欺カレルノデアル。コノ比喩ノ魔性コソハ宣伝放送ニハモツテコイノ武器デアル。

コノ比喩ヲ巧ミニ用ヒルコトニヨリ敵ヲ喜バセ、悲シマセ、疑ヒヲ起サセ、失望落胆サセルコトガ出来ル。対敵宣伝ニハ標語ト共ニコノ比喩ヲ十分ニ研究シ用ヒナクテハナラヌ。

八、余裕ノ原理

22 誹謗法ト賞讃法

戦争ダカラト云ッテ愛国心ヲ十二分ニ発揮シテ、始メカラ終リマデルーズヴエルトヤチヤーチルノ悪ロヲ云ッテ宣伝ニナッテヰルト思フノハ甚ダシイ間違ヒデアル。国内デ敵愾心ヲ十分ニ現ハスコトハ誠ニ結構ナコトデアルガ、対敵宣伝ニ敵愾心ヲ露骨ニ示ス如キハ、宣伝ノ何モノカヲ全然理解シテヰナイ証拠デアル。

之レハ没我法、間接法等ト関係アルコトデアルカラ、宣伝者ハ十分ニ含味シ会得シナケレバナラヌ。「宣伝放送ハ八分褒メテ二分貶セ」ト云フ訳デ、悪ロヲ云フヨリモ煽テ、オイテ同等又ハソレ以上ノ効果ヲ狙フ方ガ遥カニ優レテヰル。

「偉大ナル大統領」ト題シテ、ルーズヴエルトハ偉イ〳〵ト先ヅ褒メ上ゲテオイテ、段々トソノ失敗ニ話題ヲ向ケテ行ク方ガユーモアガアッテ聴ク人モ聞クシ、字句ノ対照ノ妙モアッテ演出トシテモ遥カニ効果的デアル。人ヲ散々上ゲテオイテ最後ニ落スト云フコトハ親シイ友人ノ間ナドデヨク用ヒラレ、又講談、落語等デモヨク用ヒラレル手デアル。自分ガ平静デキテ人ヲ笑ハセ、人ヲ怒ラセルト云フノガ話家ノ最モ大切ナ骨デアルヤウニ、敵ヲ褒メ上ゲテオイテ最後ニ貶スノガ対敵宣伝放送ノ重要ナ要領デアル。話ス者ガ第三者ノ悪口ヲ云ヒ過ギルト聞ク者ハソノ人ヲ憎メナクナル。賞讃法ノツケ入ルノハコノ人間ノ「アマノジヤク」性デアル。敵ガ八分通リ褒メラレタト思ツテ後デヨク考ヘテ見ルト貶サレテキタト思ヒホロ苦ク感ジルヤウナ宣伝ハ、真ニ敵国ノ民心ヲ動カスモノデアル。没我法、肯定法、揶揄法等ニモ関係スルコトデアルガ、敵ノ悪口ヲ云ヒタイ心ハ押ヘテ、敵ヲ煽テ、敵ヲ褒メテ、貶シタ以上ノ効果ヲ挙ゲルコトガ出来マイカト云フコトヲ常ニ心懸ケナクテハナラヌ。

又「弱イ犬ハ吠エル」ト云フ訳デ、ムキニナツテ怒ツタリ敵ノ悪口ヲ云ツタリスルノハ、自分ノ心ニ余裕ノナイコトヲ表明スルモノデ、既ニ宣伝ニ敗北シテキル証拠デアル。相手ヲ自分ヨリ劣ツタモノトシテ呑ンデカカリ、之レヲ褒メテヤツタリ、貶シタリシテオモチヤニ出来ルノハ、宣伝戦ニ既ニ勝ツテキルコトヲ物語ルモノデアル。

23　反感法ト同情法

誹謗法ト賞讃法ニ類似シタモノニ反感法ト同情法ガアル。吾等ハ敵ニ対シ反感ハオロカ、強烈ナ敵意ヲ持ッテヰルノデアルガ、此ノ反感ガ宣伝ノ表面ニ出テ来レバ、宣伝ノ謀略性ハ零トナル。日本国民ノ戦意ノ旺盛ナコトヲ敵ニ強ク印象付ケテ敵ノ戦意ヲ喪失サセルコトモ確カニ宣伝ノ一戦法デアルガ、之ハ誰ニデモ出来ル容易ナ方法デアル。謀略放送トハ親シイ友人ノ間ニ水ヲ差シテ互ニ疑惑ノ眼ヲ以テ見ルヤウニ導キ、遂ニ闘争ヲサセルト云フコトデアル。先ヅ敵国民ナリ、前線兵士ナリニ同情シテ置イテ、ソコデ「メフイストフエレス」ノ様ニ一言耳ニ囁キ、ソレニヨッテ為政者ナリ、将校ナリヲ疑ハセ、聴ク者ノ心ニ悩ミヲ起サセルノデアル。

コノ人間ノメフイスト性ノ活動ハ凡ユル階級ニヨッテ行ハレテ居ルノデアッテ、小学校ノ子供ハ校庭ノ隅デ、町ノ御神サンハ井戸端会議デ、政治家ハ料理屋ノ二階デ日々盛ンニ実行シテヰル。

メフイスト氏ノ手口ヲヨク研究シテ見ルト其ノ極意ハ「身ヲ摩リ寄セテ行ク気持」デアル。「貴女ノ気持本当ニヨク解ルワ」ト同情ヲ表明シタリ、「私知ラナイ、聞キタクナケレバ話サナイカラ」ト拗テ見タリスルノハメフイスト氏ノ常用手段デアル。メフイストハ本人ニ向ッテ「ザマヲ見ロ」トハ決シテ云ハナイ。敵前線将兵ヘノ放送ヲ例ニトッテ見ルト「貴方方ガ前線ニ出テ来タ愛国的ナ気持ハヨク解リマス」ト先ヅ同情シテ置イテ、「デスガ貴方方ノ努力ハ一体誰ノ利益ニナルノデセウカ」ト質問スルノデアル。

敵ニ同情スルカラト云ツテ同情法ヲ媚態外交ト同一視スル人ガアツタラ、ソレハ大キナ間違ヒデアル。メフイストノ心ノ余裕綽々ナノニ反シテ、媚態者ノ心ノ如何ニ焦慮ニ満チテキルコトカ。

又、東京放送ガ如何ニ敵ニ同情シテモ敵ハ心ノ鎧ヲ脱グモノデナイ、ト云フ人ガアルガ決シテソウデハナイ。「私ハ今ハ貴方方ノ敵デスガネ」ト云ツテ近付イテ行ク方法ガアル。一体、大悪人ハ決シテ自分ヲ善人ダトハ云ハナイ。「私モ人間デスカラ悪イ事モ時々シマスガネ」ト必ズ云フモノデアル。「風ト共ニ去リヌ」ノ中ノレツド・バトラーガスカーレツトニ語ル女性観ハ決シテ彼女ノ承服出来ルモノデハナイ。シカモ彼女ガ彼ニ心惹カレテ行ク心理ハ、敵ノ心中ニ吾々ガ同情法デ喰込ンデ行ク隙ノアルコトヲ十分ニ物語ツテキル。

武芸ノ達人ハ旅デ自分ノ生命ヲ付ケ狙フ者ニ会フト、態々道連レニナツテ行ク。逃ゲル者ハ切レル。併シ近寄ツテ来ル者ハ切リ難イ。同情法ハコノ達人ノ敵ニ寄添ツテ行ク心境デアル。

24　否定法ト肯定法

敵ガ吾ガ方ノ不利ナコトヲ云ツテ来タ場合ニ之ヲ一々否定スルノガ否定法デアル。一体宣伝ニハ否定法ハ禁物デアル。敵ノ宣伝ヲ否定スルコトハ吾ガ方ニソレダケノ弱点ガアルコトヲ表明スルモノデ、ムキニ成ツテ否定スレバスルホド、困ツテ居リ、且ツ痛イノデアルト云フコトヲ示スモノデアル。ソノ上ニ否定法ハ何処マデモ受身デアツテ、対敵宣伝上ニ最モ必要デアル主動性ヲ持ツコトガ出来ナイ。ソレ故ニ吾ガ方ニ不利ナ敵ノ宣伝ニ対シテハ出来ルダケ弁解ガマシイ否定等ハセズ、黙殺法ニヨリ敵ノ宣伝ヲトリ上ゲズ無視スルノデアル。併シソレヨリモ勝ツタ方法ハ、敵ガ吾レノ不利ナ点ヲ云ツテ来タ場合ニハソレヲ肯定スル方法デアル。敵ガ「日本ノ飛行機ハ弱イ」ト云ヘバコチラデモ「弱イ」ト云フ。又敵ガ「日本ハ食糧デ困ツテキル」ト云ヘバ「困ツテキル」ト答ヘル。之ハ第一ニ聴ク敵国民ニ異常ナ興味ヲ与ヘル利益ガアル。ソシテ徐ロニソノ命題ノ誤リデアルト云フ議論ニ導ビイテ敵ノ説ヲ撃破スルノデアル。コノ二ツノ方法ヲ比較スルト確カニ肯定法ノ方ガ否定法ヨリモ優レテキル。ソレ故ニ敵ガアル事ヲ宣伝シテ来タ場合ニハ肯定法ヲ以テ反撃出来ヌカト云フコトヲ一応検討シテ見ル必要ガアル。ソシテ肯定法ガトリ得ナイ場合ニハ黙殺スルノデアル。否定法ハヨクヨクノ場合デナケレバトラヌガヨイ。

九、時期ノ原理

25　後手法ト先手法

敵ノ宣伝ノ後手、後手トナッテ受身ニナッテ行クノハ宣伝ノ方法トハ云ヘナイガ、実際ニハヨク起ルコトデマゴ〳〵シテヰル間ニ敵ニ先ニ云ハレテシマッタリ、或ヒハコチラノ実行シタイコトヲ先ニ云ハレテ実行ガ困難ニナルト云フヤウナコトガアル。勿論後手ニナッタトテ驚イテハイケナイノデ、何ントカ之ニ対シテ逆宣伝等デ逆襲ヲコ、ロミナケレバナラナイ。

併シ本当ノ宣伝ハ、常ニ敵ニ先ンジ敵ノ云ヒソウナコト、実行シソウナコトヲ推定シテソノ実施前ニコチラカラ云ヒ、敵ニ否定サセルカ又ハ否定シナイデモ実行ヲ困難ナラシメルコトデアル。コノ宣伝法ハ誰デモヨク解ッテヰルコトデアリ、先手ヲ打ッ者ガ勝チ後手ヲ引ク者ガ負ケルト云フコトハ、武力戦ヤ宣伝戦バカリノコトデハ無ク凡ユル闘争ヤ競争ニ於テモ常ニ真理デアル。併シコノ先手法ハ「言フハ易ク、行フハ難イコト」デアッテ、敵方放送ノ撓マザル分析研究及ビ中立国ヲ経テ得ル情報等ニヨル外ナイノデアル。

放送ト云フモノハソノ個々ノ演出ニ於テモ時期即チタイミングトイフコトガ甚ダ大切デアル。併シ宣伝放送ニナルトコノ時期ハ一層大切デアル。同ジ事ヲ云ッテモ時期ガヨイト生キ〳〵ト感ジラレルガ、時期ヲ少シ誤マルト「気ノ抜ケタビールノヤウ」デ一向ニピント響カナイ。宣伝放送デハコノ時期ガ一日ヲ争ヒ、或ヒハ数時間デ期ヲ失フコトニナルカラ、宣伝者ハ常ニ敏感ニ情勢ヲ判断シ一刻モ誤ラズニ宣伝スルコトガ最モ大切デアル。

内容モヨク、文章モヨク、放送者モヨイノニ、時期ヲチヨツト失シタ為ニソノ効果ガ何分ノ一カニナツテ仕舞フトイフコトハヨクアルカラ、宣伝者ハ十分ノ注意ヲ必要トスル。

一〇、結ビ

以上述ベタトコロハ対敵放送戦術ノ原則デアル。ソノ中ニハ宣伝者ガ常ニ心懸クベキ心得トモ云フベキモノモアリ、又稀ニ用フベキ戦術モアル。実戦ニ於テハソレ等ハ情勢ニ応ジ適当ニ選択シテ用ヒナケレバナラヌ。敵米英ハ宣伝ニカケテハ日、独ニ勝サルト自負シテヰル。彼等ノ戦意ヲ破壊スル為ニハ、彼等ハ如何ナル形デ戦意ヲ喪失スルカト云フコトヲ明確ニ脳裏ニ画キ、確実ニ有効ト判断サレル手段ヲ以テ秘術ヲ尽シテ攻撃セネバナラヌ。

放送戦術ハ以上述ベタ様ニ非常ニ重要且ツ複雑ナモノデアルガ、ソノ要諦トモ云フベキ最モ大切ナ点ハ次ノ七ツニ要約出来ル。

七ツノ要諦

イ　宣伝放送ノ要諦ハ没我ニアリ
ロ　宣伝放送ノ要諦ハ間接ニアリ
ハ　宣伝放送ノ要諦ハ反復ニアリ
ニ　宣伝放送ノ要諦ハ攻撃ニアリ
ホ　宣伝放送ノ要諦ハ質問ニアリ
ヘ　宣伝放送ノ要諦ハ同情ニアリ
ト　宣伝放送ノ要諦ハ神秘ニアリ

付　録

独、米、英ノ宣伝態度

一　要　旨

独、米、英三国ノ国民性ニ極端ナル相違アルガ如ク、其ノ宣伝者ノ宣伝態度ニモ甚ダシキ相違アリ、結論ヲ述ブレバ独逸ハ論理派、米国ハ報道派、英国ハ謀略派ナリ、以下各派ノ特徴及相違ノ要点ヲ簡潔ニ記述ス

二　独逸

1　独逸ハ論理派ナリ

2　前大戦ニテハ宣伝甚ダ劣悪ナリシモ、ナチストナリテ異常ナル改善ヲ行ナヘリ

3　然リト雖モゲーベルス一派ハ宣伝ノ極意ヲ悟ラズ日本人一般ノ判断スルヨリモ遥ニ拙劣ナリ

4　宣伝組織ハ完備ス

5　宣伝ニテ打ツ手ハ十分ニ研究セラレ、定理ハ決定セラレタリ

6　苦境ニ平然ト宣伝シアルハ右研究ノ賜物ナリ

7　宣伝実施者ハ右ノ定理ヲ十分ニ教授セラレタルモノノ如ク或事件発生スル時ハ右定理ニ当嵌テ宣伝ヲ行フ

8　故ニ宣伝ニ統一アルハ独逸ノ特徴ナリ

9　サレド画一的ニシテ同一類ノ事件ニ対シテハ常ニ同一論法ヲ用ヒ創意ニ乏シ

10　常ニ理屈ニテ敵ヲ説伏セントス

11　宣伝ハ理屈ニ非ズ故ニ独逸人ニハ最モ不適当ナル職業ナリ

12　宣伝ニハ論法ハアリ然レドモ結論ハ相手ニ考ヘサセルベキモノナリ

13　結論ヲ自ラ云フハ下ノ下ニシテ此ノ点独逸派宣伝ノ劣悪ナル最大理由ナリ

14　又独ノ宣伝ニハ米英的ノユーモア無シ
15　独逸人ハ永久ニ他民族ノ心理ヲ理解セズ、相手ノ生活環境ニ生クルコトヲ得ズ
16　独ノ対敵宣伝ノ有効ナルハ独逸人ニ対シテノミナリ
17　論理的ナル故ニ欺瞞報道少ナケレド時ニコヂ付的論議ヲ為ス
18　英ハ「宣伝ハ大衆ニ対シ感情的ニ」ヲモツトートスルニ対シ、独ハ「為政者ニ対シ論理的ニ」ヲ実行シツツアリ此点対蹠的ナリ
19　報道ヲ重視スルコトハ米ニ類似シ、米ト同様情報ト宣伝トヲ混同スル傾キアリ、因ニ云フ情報者ノ任務ハ敵国内ノ情況ヲ判断スルニ在リ宣伝者ノ任務ハ敵国人ノ戦意ヲ喪失セシムルニ在リ

三　米国

1　米国ハ報道派ナリ
2　米人ハニユーストスピードヲ貴ブ
3　米国ノ宣伝ハ新聞ト広告術ヨリ発達シ来レルモノナリ
4　然ルガ為カ、同一国語ヲ用フルニ拘ラズ、前大戦ニ於ケル英国ノ対敵謀略宣伝ノ極意ヲ悟ラザル点不思議ナリ
5　金ニ飽カセ組織化ヲ行フ故相当大掛リナル組織ヲ有スルモノノ如シ

6　事実ト報道トヲ重視スル故戦局彼ニ有利ナル時ハ得意ニ宣伝スルモ戦局不利ナル時ハ為スコトヲ知ラズ此ノ点独逸ニ比シ醜態ナリ
7　現在米国ノ宣伝一見上手ニ見ユルハ戦局彼ニ有利ナル為ナリ
8　米国人ハ他国人ヲ知ラズ、宣伝者ノ眼前ニハ常ニ米国人アリ対敵宣伝ニ向カズ
9　「無条件降伏」ヲ標語トスルガ如キハ狂気ナリ、前大戦中英ハ独ニ対シ一言タリトモ斯ルコトヲ云ヒシヤ
10　戦局可ナレバ歓喜シ、勝利続ケバ相手ヲ蔑視ス「宣伝者色ヲ現ハサズ」ノ原則ニ反ス
11　国民ヲ信頼シ得ザル為カ難局ニ処シ欺瞞宣伝ヲ為ス、此ノ点英ノ大胆ナルニ比シ対蹠的ナリ
12　ニユースト宣伝トノ混同甚シク救フベクモ非ズ
13　英ニ比シ謀略的色彩甚ダ薄シ
14　広告術ハ大衆宣伝ナルニモ拘ラズ日本ニ対シテハ為政者宣伝ヲ為ス「日本ノ弱点為政者ニ在リ」ト見タル為カ

四　英国

1　英国ハ謀略派ナリ

2　十数世紀ニ亘リ他民族ト闘争セル英国人ハ他民族ノ心理ヲ熟知ス

3　謀略宣伝ノ極意ハ相手ノ生活環境ニ自ラ入リ込ミテ宣伝スルコトナリ

4　宣伝文ニ質問形甚ダ多シ。即チ結論ヲ敵国民ニ考ヘサセル方法ナリ。独ハ未ダニコノ極意ヲ悟ラズ

5　宣伝ニテ敵国民ノ戦時異常心理ヲ鎮静セシメ、戦意ヲ喪失セシメントス。此ノ点異常心理ヲ利用セントスル米ト異ナル

6　民衆宣伝ヲ主トシ為政者宣伝ヲ従トス

7　大衆ノ個人的利害ニ訴フ此ノ点蘇連ハ徹底ス

8　理智宣伝ヲ軽視シ、感情宣伝ヲ重視ス。但シ対独ニハ理智宣伝ヲ行フ

9　一見自国ノ不利ト見ユルコトヲ大胆ニ発表ス（特ニチヤーチル）

10　日々ノ真実ナル報道ニテ信頼セシメ最後ニ大キク敵ヲ欺カントス

11　敵国民ノ戦意崩壊課程ヲ常ニ明確ニ頭ニ画キテ宣伝ス

12　各戦争段階ニ於ケル宣伝論法ヲ定メニユースヲ其ノ線ニ取入レテ宣伝ス。即チ論法ヲ主トシ、ニユースヲ従トス

13　英国ノニユースハ官報的ニシテ、米国ノニユースノ如キセンセイシヨナルナル面白味ナシ

14 戦況不利ナル時モ落付キアル宣伝ヲ行フ

15 但シ現在ノ苦況ハ英宣伝者モ為ス処ヲ知ラザル観アリ

16 放送宣伝ヨリ文書宣伝ヲ得意トス

17 前大戦中ニクルー・ハウスノ作製セル（「余ハ糾弾ス」「戦争犯罪者」）〔誤〕「リヒノウスキー侯爵ノ回想録」「是デモ武士カ」等ノ宣伝文書ハ不朽ノ名著ニシテ宣伝者ノ最良ノ教科書ナリ

18 確実ニ有効ト判断セル着想又ハ手段アラバ大金ヲ用ヒ徹底的集中攻撃ヲ行フ。即チ宣伝決戦思想ヲ有スルハ英国ノミナリ（前項文書ノ外ニエディス・キャベル問題ノ取扱ヒノ如キハ此ノ一例ナリ）

19 英ノ宣伝組織ハ大懸リトナリ得ズ、大金ヲ使用スル割合ニ小人数ニテ之ヲ行フ

20 英ノ宣伝ニハ天才ヲ要ス

21 クルー・ハウスハ宣伝ヲ註一「他人ガ影響ヲ受ケル様ニ物事ヲ陳述スルコト」ト定義セリ、簡ニシテ要、且ツ実際的ナリ

註一、キャンベル・スチテユアート著飯野紀元訳「英国ノ宣伝秘密本部」ニ依ル

参考書

『英国の宣伝秘密本部（クルーハウスの秘密）』*Secrets of Crewe House* キャンベル・ステュアート　飯野紀元訳・一九三八
『是でも武士か』*The Ignoble Warrior* ロバートソン・スコット　柳田国男訳・丸善㈱・一九一六
『大戦間に於ける仏国の対独宣伝』ゲオルク・フーベル　内閣情報部第一輯・一九三八
『大戦間独逸の諜報及宣伝』ニコライ中佐　内閣情報部第二輯・一九三八
『武器に依らざる世界大戦』*Weltkrieg ohne Waffen* ハンス・ティンメ　内閣情報部第三輯・一九三八
『世界大戦と宣伝』ヘルマン・ヴァンデルシェック　内閣情報部第四輯・一九三八
『宣伝の心理と技術』レオナード・W・ドーブ　内閣情報部第十一輯・一九三九
『次期戦争と宣伝』*Propaganda in the Next War* シドニー・ロジャーソン　内閣情報部第十二輯・一九四〇
『戦争か平和か』オットー・クリーク　内閣情報部第十五輯・一九四〇
「新興文学集」（『トラストD・E』イリヤ・エレンブルグ・一九二三）世界文学全集（38）新潮社・一九二九

『人われを大工と呼ぶ』『百パーセント愛国者』アプトン・シンクレア　世界文学全集（8）新潮社・一九三〇
『資本』Mountain City アプトン・シンクレア　日本評論社・一九三〇
『ブラック・チェンバ』ハーバート・O・ヤードリ　大阪毎日新聞社・一九三一
『誤報とその責任』山根真治郎　内外通信社出版部・一九四一
『戦争と思想動員』法貴三郎　日新書院・一九四二
『英国の対米謀略史』G・H・ペイン　小岩武訳・国際日本協会・一九四三
『姿なき戦い――世界短波放送』沢田進之亟　輝文堂書房・一九四四
『宣伝の心理』森崎善一　国民教育社・一九四八
『アメリカ秘密機関』山田泰二郎　五月書房・一九五三
『心理戦争』パウル・ラインバーガー　須磨弥吉郎訳・みすず書房・一九五三
『世界反戦詩集』木島始・菅原克巳・長谷川四郎　太平出版社・一九七〇
『秘録　謀略宣伝ビラ』鈴木明・山本明　講談社・一九七七
『心理作戦の回想』恒石重嗣　東宣出版・一九七八

Secrets of Crewe House, Sir Campbell Stuart, Hodder and Stoughton, London, 1920
The Ignoble Warrior, J. W. Robertson Scott, Maruzen, 1916
The Crime, 2 vol., a German (Dr. Richard Greling), George H. Doran Co., New York, 1918
My Journey round the World, Alfred Viscount Northcliffe, John Lane the Bodley Head Co.,

London, 1923

Journey's End, R. C. Sherriff, Brenton's Publisher, 1929

Bury the Dead, Irwin Shaw, Random House, New York, 1936

The Jungle, Upton Sinclair, published by Upton Sinclair, 1920

Mammonart, Upton Sinclair, published by Upton Sinclair, 1925

The Wet Parade, Upton Sinclair, T. Werner Laurie Ltd., 1931

Autobiography of Upton Sinclair, Upton Sinclair, W. H. Allen, London, 1963

Sol dier's Songs and Slang, 1914~1918, John Brophy and Eric Partridge, The Scholartis Press, London, 1931

Falsehood in War Time, Arthur Ponsonby, George Allen & Unwin Ltd., London, 1928

Road to War, 1914~1917, Walter Millis, The Riverside Press, Cambridge, 1935

Propaganda in the Next War, Sydney Rogerson, Goeffrey Bles, London, 1938

Propaganda for War, H. C. Peterson, University of Oklahoma, 1939

Sabotage : Secret War against America, Michael Sayers & Albert E. Kahn, Harper & Brosf., New York and London, 1942

Action against the Enemy's Mind, Joseph Bornstein & Paul R. Milton, Bobbs-Merrill Co., New York, 1942

U. S. War Aims, Walter Lippmann, Little Brown & Co., 1944

The Goebbels Diaries, 1942~1943, Louis P. Lochner, Doubleday & Co., New York, 1948

Nazi Propaganda, Z. A. B. Zeman, Oxford University Press, 1964
The Death of Lord Haw Haw, Brett Rutledge, Book League of America, New York, 1940
Lord Haw Haw and Williams Joyce, J. A. Cole, Faber and Faber Co., London, 1964
War Posters, 1914~1919, Martin Hardie & Arthur K. Sabin, A & C Black Ltd., 1920

あとがき

いまから考えてみると、私が太平洋戦争のときに電波謀略戦争の真っただ中で無我夢中で働いていたことは夢のようである。今後の戦争がどんな形態になるかは知らないが、ことによると、第一次と第二次の世界大戦がプロパガンダの最も華やかな戦争であったということになるのかもしれない。それゆえ、戦後三十五年のあいだ、いつかこの二つの大戦中のプロパガンダについて書き残しておきたいと思っていた。それゆえ、このたび、前著『日の丸アワー』につづいて、中公新書で発表の機会を与えてくださったことを嬉しく思っている。

この『プロパガンダ戦史』は『日の丸アワー』の続篇ではない。時期的には、『日の丸アワー』のまえのことである。私も若かったから、この本の付録の『対敵宣伝放送の原理』にはずいぶん勝手なことを書いて、いま読みかえすと、いささか疑問に思う点もある。ただ一つ確かなことは、このあと「日の丸アワー放送」をやったのだが、俘虜にやらせるという難かしさもあって、この原理のようにはぜんぜんうまく実行できなかったということである。いずれにしても、現代は、報道・宣伝・広告の時代である。そういう仕事をする方々にとって、この本が何かのお役に立てば幸いである。

この本を書くために私を助けてくださった、樺山米子夫人、小平艶子夫人、それに敝之館の卒業生である荻島良一さん、中田格郎さん、葛山誠一郎さん、浴本《えきもと》正生さん、広塚正門さん、山田定さんに感謝したい。

また、この出版にあたって、年末の多忙のなかをご苦労くださった中央公論社の野中正孝さんにも厚くお礼を申し述べたい。

昭和五十五年十二月

著者

解説

佐藤優

本書は太平洋戦争中に、米英などの軍事捕虜を用いてアメリカに対する謀略放送「日の丸アワー」を行った池田徳眞氏（一九〇四〜一九九三年）による実践に裏付けられたインテリジェンスの優れた指南書だ。

池田氏は、徳川十五代将軍慶喜の孫で、旧鳥取藩主池田氏第十五代当主だった。東京大学文学部を卒業した後、英国のオックスフォード大学ベリオル・カレッジで旧約聖書を研究したというユニークな履歴の人だ。外務省に雇われ、一九四一年十二月の太平洋戦争勃発時にはオーストラリアの日本公使館で勤務していた。一九四二年十月に交換船で帰国した。その後は、外務省ラヂオ室（ラヂオプレスの前身）に勤務し、各国の短波放送を傍受して報告書を作成した。業界用語で言うオシント（公開情報インテリジェンス）の日本における草分けだ。

本書では、宣伝（プロパガンダ）を通して、各国の宣伝の特徴を読み解く。池田氏は、米国の宣伝を「報道派」と名づける。少し長くなるが、その理由について池田氏が記した箇所を引用しておく。

〈アメリカの宣伝者が本格的な宣伝活動を開始したのは、太平洋戦争になってからである。そもそもアメリカ人はニュースとスピードを尊ぶ。戦時でも、「宣伝とは、有利な報道に解説を加えて繰り返して放送し、相手に強い印象を与えることだ」と考えているように見える。そして敵・味方のうち報道を多く流したほうが勝つのだという考えのようである。それゆえアメリカには、「報道派」という名をつけた。

一九四四年十月二十一、二日にアメリカ軍は大挙してフィリピンのレイテ島に上陸してきた。謀略派の人ならば、第一に、この強烈な反撃の事実を利用して、日本人の戦意を砕いてやろうと考えるはずである。ところがアメリカ人のしたことは、上陸後すぐ現場から短波でアメリカに向かって送信し、レイテ島の実況放送を全米に中継したのである。これは、画期的な報道であったから、アメリカ国民の戦意昂揚には大いに役立ったと思う。しかし宣伝屋から見ると、宣伝方向がまるで逆である。イギリスの宣伝者に聞けば、「アメリカには広告と報道とはあるが、真のプロパガンダはないよ」というであろう。

アメリカの宣伝は、商品の広告から発達したものである。それゆえアメリカ人は、広告と宣伝とを混同する傾きがある。しかしよく考えてみると、広告では、「顧客はすでに買う決心をしているのだから、どうしたらそのお客に他社製の類似品を買わせないで、自社の製品を買わせることができるか」というお客の選択 Preference がポイントであるのに対して、宣伝では、「どうしたら顧客が購買決心をして、手をポケットに入れるか」というお客の決断 Determination の段階を問題にしているのである。

この世には、戦争をすぐ止めるつもりで始める国などないから、プロパガンダでは敵国民の考えを一八〇度逆方向に向けさせなければならない。それゆえクルーハウスの宣伝者は、二段階に考えて、「宣伝に好都合な雰囲気」をつくることがまず必要だといっているのである。これに対してアメリカの宣伝者は、宣伝放送の量で宣伝の価値を計ろうとする。ここが、広告と似ているところである。〉（一三三〜一三四頁）

米国のプロパガンダが、広告（パブリシティー）に似ているというのは優れた着眼だ。それ故に米国型プロパガンダの限界が、池田氏にはよく見えるのである。

〈アメリカ人はニュースを重視するから、有利なニュースがないと宣伝はできない。それゆえ、太平洋戦争の最初の六か月に日本軍が進撃していたときには、アメリカ側の宣伝には見るべきものがない。これに反して、戦争の後半になって勝ちつづけてくると、アメリカの宣伝放送は急に勢いづいてきた。これでは、「勝てば歓喜し、負ければ沈黙

する。宣伝者は心を色に現わさずの原則に反する」といわれても仕方がないではないか。〉（一三四〜一三五頁）

別の見方をすると、米国は対外宣伝に重きを置いていないのである。米国にとって重要なプロパガンダの対象は、自国民なのである。

〈昭和二十年二月のルーズヴェルト、チャーチル、スターリンのヤルタ会談が終わってから、アメリカ側は日本に向かって「無条件降伏」の宣伝をさかんにしてきた。私は、これには驚いた。というのは、これは、謀略派から見れば狂気だからである。そして私は考えた。いったい、無条件降伏ということが現代の戦争にあるのだろうか？　また無条件降伏などといえば、敵が降伏しにくくなるのではあるまいか？　いずれにしても、第一次大戦が終りに近づいても、イギリスはドイツに向かってこんな愚かなことは一度もいったことはなかった。

しかし、このとき悟ったのであるが、アメリカの戦争指導者が最も恐れていたアメリカの弱点は、多民族国家の内部崩壊なのではあるまいか。それゆえ彼らは、「アメリカの内部さえしっかり固めていれば、日本なんか潰すのに問題はないさ」と考えていたように思えた。すなわち、アメリカにとっては、戦時でも、国内宣伝のほうがプロパガンダよりもはるかに重要なのである。それであるから、私がアメリカのプロパガンダはな

っていないと叫んでも、アメリカの宣伝者には馬耳東風なのであろう。〉（一三五～一三六頁）

どうも最近の日本政府のプロパガンダ（政策広報と呼ぶ）を見ていると、慰安婦問題、歴史認識問題、捕鯨問題などについても、米国流プロパガンダで、日本国内を意識した政策広報になっている。重要なのは、外国の日本に対する世論を変化させることだ。この点では、「謀略派」である英国のプロパガンダ技法から学ぶ必要がある。

〈イギリスの宣伝は臨機応変で、時期・相手によってどうでも変わるのである。たとえば、議論好きのドイツ人には議論を吹きかけている。それゆえ、イギリスの宣伝を見ていると、イギリス人のように他民族の心理をよく理解している民族はいないとしみじみ思うのである。きっと彼らは、十数世紀にわたって世界各種の民族との闘争を経験したので、このような特殊の才能をもつようになったのではあるまいか。いずれにしても、他民族の宣伝態度には目もくれず、自信をもってイギリス式の道をすすんでいるところは見上げたものである。〉（一三八頁）

本書は、英国流のインテリジェンス技法を日本に土着化するために池田氏たちが行った努力に関する記録なのである。この解説を書くために、今回、本書を読み直したときに、日本でもっと広く紹介しなくてはならない本があったことを思い出した。

〈『クルーハウスの秘密』キャンベル・ステュアート卿著 *Secrets of Crewe House*——*The Story of a Famous Campaign* by Sir Campbell Stuart, K. B. E., 1920

この本は、第一次世界大戦の最後にドイツ軍の戦意を崩壊させるという偉業をなしとげたイギリスの対敵宣伝秘密本部のクルーハウスの委員長代理であったキャンベル・ステュアートが、彼らの活動を書いたものである。それゆえ、イギリス式宣伝の極意の書であって、内容のいたるところに対敵宣伝についてわれわれ後輩が教えられることが書かれている。その第一が、この本の最初のページに述べられている、次のような宣伝の定義である。

「宣伝とは、他人に影響をあたえるように、物事を陳述することである。What is propaganda? It is the presentation of a case in such a way that others may be influenced.」

これを読んだときに、私は目が覚める思いがした。簡単で、明解で、しかも核心を衝いたことばだからである。こういう、一見やさしいことばは、その道で苦労に苦労を重ねた人が、達人になって初めていえることばだからである。私は、その後もずっとこのことばを金科玉条にして心のなかに大切に置いている。〉(一一三〜一一四頁)

筆者が、『プロパガンダ戦史』を読んだのは、一九八九年、まだソ連時代のモスクワ日本大使館においてだった。早速、筆者は、英国ロンドンの古本屋から『クルーハウスの秘密』を入手した。「宣伝とは、他人に影響をあたえるように、物事を陳述することである。」という定義は、その後、筆者がソ連とロシアで、あるいは東京で首相官邸や国会を相手にロビー活動を行うときの「座右の銘」になった。職業作家になった現在も、「他人に影響をあたえるように、物事を陳述すること」を常に心がけている。

『クルーハウスの秘密』の秘密には、ヒュミント（人間を用いたインテリジェンス活動）に関する興味深いエピソードが多く記されている。池田氏が作成した本書の参考文献によると、『クルーハウスの秘密』は、一九三八年に邦訳が作成されているということだが、国立国会図書館にも所蔵されておらず、筆者は未見だ。あらたに日本語に翻訳されれば、ロングセラーとなり、わがインテリジェンスの水準を底上げすることになると思う。

二〇一五年六月五日記

（さとうまさる　作家・元外務省主任分析官）

『プロパガンダ戦史』（一九八一年一月、中公新書）

本文中に現在の人権意識に照らして不適切と思われる表現がありますが、刊行当時の時代背景および著者が物故していることを考慮し、底本のままとしました。ただし明らかな誤植と思われるものは修正しました。また割注は文庫化にあたり編集部で追加したものです。

中公文庫

プロパガンダ戦史《せんし》

2015年7月25日　初版発行

著　者　池《いけ》 田《だ》 徳《のり》 眞《ざね》

発行者　大 橋 善 光

発行所　中央公論新社
〒100-8152　東京都千代田区大手町1-7-1
電話　販売 03-5299-1730　編集 03-5299-1890
URL http://www.chuko.co.jp/

ＤＴＰ　平面惑星
印　刷　三晃印刷
製　本　小泉製本

Published by CHUOKORON-SHINSHA, INC.
Printed in Japan　ISBN978-4-12-206144-6 C1122

定価はカバーに表示してあります。落丁本・乱丁本はお手数ですが小社販売部宛お送り下さい。送料小社負担にてお取り替えいたします。

各書目の下段の数字はISBNコードです。978-4-12が省略してあります。

中公文庫既刊より

と-18-1
失敗の本質　日本軍の組織論的研究
戸部良一／寺本義也／鎌田伸一／杉之尾孝生／村井友秀／野中郁次郎

大東亜戦争での諸作戦の失敗を、組織としての日本軍の失敗ととらえ直し、これを現代の組織一般にとっての教訓とした戦史の初めての社会科学的分析。

201833-4

あ-1-1
アーロン収容所
会田雄次

ビルマ英軍収容所に強制労働の日々を送った歴史家の鋭利な観察と筆。西欧観を一変させ、今日の日本人論ブームを誘発させた名著。〈解説〉村上兵衛

200046-9

あ-1-5
敗者の条件
会田雄次

『アーロン収容所』で知られる西洋史家が専門のルネサンス史の視点からヨーロッパ流の熾烈な競争原理が支配した戦国武将の世界を描く。〈解説〉山崎正和

204818-8

あ-1-6
勝者の条件
会田雄次

日本的身分制という固有の条件のもと、絶対的勝者の先例として、信長・秀吉の事例等を考察。日本人の英知、民族の知恵の再発見を提唱する。〈解説〉小和田哲男

206096-8

あ-13-3
高松宮と海軍
阿川弘之

「高松宮日記」の発見から刊行までの劇的な経過を明かし、第一級資料のみが持つ迫力を伝える。時代と背景を解説する「海軍を語る」を併録。

203391-7

あ-13-4
お早く御乗車ねがいます
阿川弘之

にせ車掌体験記、日米汽車くらべなど、日本のみならず世界中の鉄道に詳しい著者が昭和三三年に刊行した鉄道エッセイ集が初の文庫化。〈解説〉関川夏央

205537-7

あ-13-5
空旅・船旅・汽車の旅
阿川弘之

鉄道のみならず、自動車・飛行機・船と、乗り物全般に並々ならぬ好奇心を燃やす著者。高度成長期前夜の交通文化が生き生きとした筆致で甦る。〈解説〉関川夏央

206053-1

あ-72-1
流転の王妃の昭和史
愛新覚羅《あいしんかくら》浩《ひろ》
満洲帝国皇帝弟に嫁ぐも、終戦後は夫と離れ次女を連れて大陸を流浪、帰国後の苦しい生活と長女の死……激動の人生を綴る自伝的昭和史。〈解説〉梯久美子
205659-6

い-16-1
城下の人　石光真清の手記　一
石光　真清
明治元年熊本城下に生れた著者は、神風連・西南役の動乱中に少年期を送り、長じて日清戦争で台湾に遠征、ロシア研究の必要を痛感する。波瀾の開幕。
200550-1

い-16-2
曠野の花　石光真清の手記　二
石光　真清
明治三十二年八月、ウラジオストックに上陸、黒竜江の奥地に入る。諜報活動中にも曠野に散る人情に厚い馬賊や日本娘たちがある。波瀾万丈の第二部。
200582-2

い-16-3
望郷の歌　石光真清の手記　三
石光　真清
遼陽、沙河と、日露両軍の凄惨な死闘の記憶は、凱旋の後も消えない。放浪の末の失意の帰国、郊外閑居。そして思い出深い明治は終った。手記第三部。
200602-7

い-16-4
誰のために　石光真清の手記　四
石光　真清
錦州の事業の安定も束の間、またもや密命により革命に揺れるアムールにとび、シベリア出兵へ。明治人波瀾の生涯――四部作完結。〈解説〉森　銑三
200689-8

い-41-3
ある昭和史　自分史の試み
色川　大吉
十五年戦争を主軸に、国民体験の重みをふまえつつ昭和という時代を鋭い視角から描き切り、「自分史」のさきがけとなった異色の同時代史。毎日出版文化賞受賞作。
205420-2

お-2-2
レイテ戦記（上）
大岡　昇平
太平洋戦争の天王山・レイテ島での死闘を再現し戦争と人間を鋭く追求した戦記文学の金字塔。本巻では「一第十六師団」から「十三　リモン峠」までを収録。
200132-9

お-2-3
レイテ戦記（中）
大岡　昇平
レイテ島での日米両軍の死闘を、厖大な資料を駆使し精細に活写した戦記文学の金字塔。本巻では「十四　軍旗」より「二十五　第六十八旅団」までを収録。
200141-1

各書目の下段の数字はISBNコードです。978－4－12が省略してあります。

お-2-4
レイテ戦記（下）
大岡　昇平
レイテ島での死闘を巨視的に活写し、戦争と人間の問題を鎮魂の祈りをこめて描いた戦記文学の金字塔。地名・人名・部隊名索引付。〈解説〉菅野昭正
200152-7

し-5-2
外交五十年
幣原喜重郎
戦前、「幣原外交」とよばれる国際協調政策を推進した外交官であり、戦後、新憲法に軍備放棄を盛り込むことを進言した総理が綴る外交秘史。〈解説〉筒井清忠
206109-5

し-6-61
司馬遼太郎
歴史のなかの邂逅1
空海～斎藤道三
司馬遼太郎
その人の生の輝きが時代の扉を押しあけた――。歴史上の人物の魅力を発掘したエッセイを古代から時代順に集大成。第一巻には司馬文学の奥行きを堪能させる二十七篇を収録。
205368-7

し-6-62
司馬遼太郎
歴史のなかの邂逅2
織田信長～豊臣秀吉
司馬遼太郎
人間の魅力とは何か――。織田信長、豊臣秀吉、古田織部など、室町末期から戦国時代を生きた男女の横顔を描き出す人物エッセイ二十三篇。
205376-2

し-6-63
司馬遼太郎
歴史のなかの邂逅3
徳川家康～高田屋嘉兵衛
司馬遼太郎
徳川家康、石田三成ら関ヶ原前後の諸大名の生き様や、徳川時代に爆発的な繁栄をみせた江戸の人間模様など、歴史のなかの群像を論じた人物エッセイ。
205395-3

し-6-64
司馬遼太郎
歴史のなかの邂逅4
勝海舟～新選組
司馬遼太郎
第四巻は動乱の幕末を舞台に、新選組や河井継之助、緒方洪庵、勝海舟など、白熱する歴史のなかの群像を論じた人物エッセイ二十六篇を収録。
205412-7

し-6-65
司馬遼太郎
歴史のなかの邂逅5
坂本竜馬～吉田松陰
司馬遼太郎
吉田松陰、坂本竜馬、西郷隆盛ら変革期を生きた人々の様々な運命。『竜馬がゆく』など幕末維新をテーマに数々の傑作長編が生まれた背景を伝える二十二篇。
205429-5

し-6-66
司馬遼太郎
歴史のなかの邂逅6
村田蔵六～西郷隆盛
司馬遼太郎
西郷隆盛、岩倉具視、大久保利通、江藤新平など、明治維新という日本史上最大のドラマをつくりあげた立役者たち。時代を駆け抜けた彼らの横顔を伝える二十一篇を収録。
205438-7